普通高等教育本科土建类专业"十三五"规划教材

土 力 学

主 编 邬 鑫

副主编 张振国 刘俊芳

北京理工大学出版社

BEIJING INSTITUTE OF TECHNOLOGY PRESS

内 容 简 介

本书参考全国高校土木工程学科专业指导委员会推荐教材的内容框架，结合小学时土力学课程的教学工作而编写。本书既重视结构框架和基础理论知识的阐述，又注意内容的浅显易懂。

本书除绪论外，主要内容包括土的物理性质及工程分类、土的渗透性、土中应力分析、土的压缩性、地基变形、土的抗剪强度、土压力、土坡稳定分析、地基承载力。各章后附复习思考题。

本书可以作为土木工程专业以及相近专业的土力学课程教材，也可以作为土木工程研究人员和工程技术人员的参考书。

图书在版编目（CIP）数据

土力学/邬鑫主编．—北京：北京理工大学出版社，2019.4（2024.2 重印）
ISBN 978-7-5682-6890-5

Ⅰ.①土…　Ⅱ.①邬…　Ⅲ.①土力学－高等学校－教材　Ⅳ.①TU43

中国版本图书馆 CIP 数据核字（2019）第 054141 号

出版发行 / 北京理工大学出版社有限责任公司
社　　址 / 北京市海淀区中关村南大街 5 号
邮　　编 / 100081
电　　话 / （010）68914775（总编室）
　　　　　　（010）82562903（教材售后服务热线）
　　　　　　（010）68948351（其他图书服务热线）
网　　址 / http://www.bitpress.com.cn
经　　销 / 全国各地新华书店
印　　刷 / 北京紫瑞利印刷有限公司
开　　本 / 787 毫米×1092 毫米　1/16
印　　张 / 8.5　　　　　　　　　　　　　　　责任编辑 / 陆世立
字　　数 / 181 千字　　　　　　　　　　　　文案编辑 / 赵　轩
版　　次 / 2019 年 4 月第 1 版　2024 年 2 月第 3 次印刷　　责任校对 / 周瑞红
定　　价 / 29.00 元　　　　　　　　　　　　责任印制 / 李志强

图书出现印装质量问题，请拨打售后服务热线，本社负责调换

前　言

土力学是高等学校土木工程专业学生必修的一门课程。本书编者承担着土力学课程的教学工作。过去课堂教学一直以教师讲授为主，故教材编写以老师为主体。随着土木工程专业的"华约"认证，新一轮培养方案的修订，各学科包括土力学的教学学时锐减，以内蒙古工业大学为例，由原来的40学时降为32学时，但教学效果有明确的达标要求：

1. 应用力学知识解决土木工程专业的复杂工程问题；

2. 采用科学方法对土木工程专业的复杂工程问题进行研究。

在这种情况下，如何提高教学效果；如何确保教材以学生为主，更适合学生自学，这成为编写本书着重关注的问题。

本书的特点如下：

1. 本书的内容与章节编排延续了教育部高等学校教学指导委员会规划教材的架构；

2. 内容浅显易懂，适合初次接触土力学的学生或技术工人使用。

本书在编写过程中借鉴了各个优秀教学团队的精品课程，如清华大学的土力学精品课程，以及其他优秀教材等，在此衷心感谢。

本书由内蒙古工业大学邬鑫、张振国、刘俊芳编写，其中绪论，第1、2、3、4章由邬鑫编写，第5、6、7章由张振国编写，第8、9章由刘俊芳编写。另外，本书编写过程中得到了内蒙古工业大学岩土工程教学团队的鼓励和指导，在此深表感谢！

限于编者水平，本书难免存在不当之处，恳请读者批评指正。

编　者

目 录

绪论 ……………………………………………………………………………………… (1)

第1章 土的物理性质及工程分类 ……………………………………………… (2)

1.1 土的形成 ……………………………………………………………………… (2)

1.1.1 残积土 ………………………………………………………………… (2)

1.1.2 坡积土 ………………………………………………………………… (3)

1.1.3 洪积土 ………………………………………………………………… (3)

1.1.4 湖积土 ………………………………………………………………… (3)

1.1.5 冲积土 ………………………………………………………………… (4)

1.2 土的三相组成 ………………………………………………………………… (5)

1.2.1 固体颗粒 ……………………………………………………………… (5)

1.2.2 土中水 ………………………………………………………………… (9)

1.2.3 土中气 ………………………………………………………………… (10)

1.3 土的三相比例指标 …………………………………………………………… (11)

1.3.1 基本试验指标 ………………………………………………………… (11)

1.3.2 换算指标 ……………………………………………………………… (12)

1.4 土的结构 ……………………………………………………………………… (14)

1.4.1 土的结构类型 ………………………………………………………… (14)

1.4.2 灵敏度和触变性 ……………………………………………………… (15)

1.5 土的物理状态表征 …………………………………………………………… (16)

1.5.1 无黏性土的密实度 …………………………………………………… (16)

1.5.2 黏性土的稠度 ………………………………………………………… (16)

1.6 土的分类标准和地基土的工程分类 ……………………………………… (18)

第2章 土的渗透性 ·· (21)

2.1 土的渗透特性 ·· (21)
2.1.1 土体的渗透性 ·· (22)
2.1.2 土体的渗透定律——达西定律 ································ (22)
2.1.3 对达西定律的认识 ·· (23)
2.1.4 渗透系数的测定方法 ··· (25)
2.1.5 对水力坡降的理解 ·· (26)
2.1.6 达西定律的适用范围 ··· (28)
2.2 渗透力与渗透变形 ·· (30)
2.2.1 渗透力的概念 ·· (30)
2.2.2 渗透力的计算 ·· (30)
2.2.3 渗透变形 ··· (30)
2.3 二维渗流及流网 ·· (32)
2.3.1 流网的绘制 ·· (32)
2.3.2 流网的工程应用 ·· (33)

第3章 土中应力分析 ·· (35)

3.1 应力表示方法及分类 ·· (35)
3.1.1 一点应力状态的表示方法 ····································· (35)
3.1.2 应力的分类 ·· (38)
3.2 土中应力计算 ·· (41)
3.2.1 自重应力状态下土中应力计算 ································ (41)
3.2.2 附加应力状态下土中应力分析 ································ (43)
3.3 基底压力 ·· (49)
3.4 土的应力应变特性 ·· (52)
3.4.1 土应力应变关系的非线性 ····································· (52)
3.4.2 土体变形的弹塑性 ·· (52)
3.4.3 土的剪胀性 ·· (53)
3.4.4 三轴试验 ··· (53)
3.5 饱和土的有效应力原理 ·· (55)

第4章 土的压缩性 ·· (57)

4.1 土的压缩特性 ·· (57)
4.2 侧限压缩试验 ·· (58)
4.3 土的侧限压缩试验指标 ·· (60)
4.3.1 压缩系数 a ·· (60)

4.3.2　压缩指数 C_c ·· (60)

4.3.3　压缩模量 E_s ·· (61)

4.3.4　体积压缩系数 m_v ·· (61)

4.4　现场载荷试验及变形模量 ··· (62)

4.4.1　现场载荷试验 ·· (62)

4.4.2　变形模量 E_0 ··· (63)

4.5　土的弹性模量 ··· (64)

4.6　土的三种模量的比较 ·· (66)

第5章　地基变形 ·· (68)

5.1　基础最终沉降量的计算 ··· (69)

5.1.1　分层总和法 ·· (69)

5.1.2　应力历史法 ·· (71)

5.1.3　规范法 ·· (75)

5.2　地基变形与时间的关系 ··· (78)

5.2.1　饱和土的渗流固结理论 ··· (78)

5.2.2　一维渗流固结微分方程的推导 ·· (79)

5.2.3　有关沉降—时间的工程问题 ··· (82)

第6章　土的抗剪强度 ·· (84)

6.1　库仑公式 ·· (84)

6.1.1　库仑公式的表达式 ·· (84)

6.1.2　对库仑公式的认识 ·· (85)

6.2　土的抗剪强度及破坏理论 ·· (86)

6.2.1　岩土材料的屈服、强度、破坏 ·· (86)

6.2.2　莫尔—库仑强度理论 ··· (86)

6.3　土的抗剪强度指标的试验方法 ·· (89)

6.3.1　直剪试验 ··· (89)

6.3.2　三轴压缩试验 ·· (90)

6.3.3　十字板剪切试验 ··· (91)

6.4　基于三轴试验的孔隙压力系数 ·· (93)

6.5　抗剪强度指标的选择 ·· (94)

6.5.1　抗剪强度指标的类型 ··· (94)

6.5.2　土的抗剪强度指标的选择原则 ·· (94)

第7章　土压力 ··· (96)

7.1　土压力的类型 ··· (96)

7.2 静止土压力 ·· (98)

7.3 朗肯土压力理论 ·· (99)

  7.3.1 朗肯主动土压力 ·· (99)

  7.3.2 朗肯被动土压力 ······································· (100)

  7.3.3 几种特殊情况下的朗肯土压力计算 ······················· (101)

7.4 库仑土压力理论 ··· (104)

  7.4.1 库仑主动土压力的计算 ································· (104)

  7.4.2 库仑被动土压力的计算公式 ····························· (105)

  7.4.3 几种特殊情况下的库仑土压力计算 ······················· (106)

7.5 两种土压力的比较 ··· (108)

第8章 土坡稳定分析 ··· (109)

8.1 无黏性土土坡的稳定性分析 ···································· (110)

8.2 黏性土土坡的稳定性分析 ······································ (111)

  8.2.1 均质土坡的整体稳定分析法 ····························· (111)

  8.2.2 黏性土土坡稳定分析的瑞典条分法 ······················· (112)

8.3 关于土坡稳定分析的几个问题 ·································· (114)

  8.3.1 挖方边坡与天然边坡 ···································· (114)

  8.3.2 土的抗剪强度指标值的选用 ····························· (114)

  8.3.3 土坡的滑动稳定安全系数的选用 ························· (114)

第9章 地基承载力 ··· (115)

9.1 浅基础地基破坏模式 ·· (115)

  9.1.1 地基剪切破坏的三种模式 ······························ (115)

  9.1.2 地基中应力发展三阶段 ································· (117)

9.2 按塑性区开展范围确定地基承载力 ······························ (119)

  9.2.1 地基塑性变形区边界方程 ······························ (119)

  9.2.2 临塑载荷与临界载荷 ···································· (120)

9.3 按极限载荷确定地基极限承载力 ································· (121)

  9.3.1 普朗特尔极限承载力理论 ······························ (121)

  9.3.2 太沙基极限承载力理论 ································· (122)

9.4 地基承载力特征值 ··· (123)

  9.4.1 按抗剪强度指标确定地基承载力特征值 ···················· (123)

  9.4.2 按平板载荷试验确定地基承载力特征值 ···················· (125)

参考文献 ·· (127)

绪 论

　　土地与人们的生活息息相关，是人类赖以生存的根本，人们的"衣食住行"都离不开土地。土力学正是人类从"住""行"角度出发研究土体力学性质的一门学科。居住的房屋、奔驰的汽车都以土地为支撑，故从有了人类以来，就有了对土的力学"研究"。

　　土不同于钢筋，也不同于混凝土，是天然形成的，是岩石在地质大循环的过程中形成的。岩石到土的过程经历了风化、沉积、搬运等地质作用，故形成过程不同，土性截然不同。岩石风化后的固体颗粒堆积在一起，其孔隙中填充水或气体便是土体，故土体不是匀质材料，是由固体颗粒、水、气三种介质组成的三相体，土性复杂即源于此。

　　土力学是以土为研究对象的一门学科，其作为一门正式的学科，以1925年太沙基出版的《土力学》一书作为标志点。卡尔·太沙基被誉为"土力学之父"，他认为，土力学的诞生，不是个人的力量，而是时代的力量，是时代的需求。工程实践需求是土力学发展的最大动力，故土力学应该是"从实践中来，到实践中去"的一门学科。

　　土力学作为一门力学课程，由于土性的复杂，其分析方法与其他力学不同。土力学借鉴连续体力学的分析方法，结合工程实践经验和试验，形成了独特的分析方法，故在很多文章中看到土力学是一门"伪力学"的论述，实际上应该无视其真伪，只要能够为工程实践提供良好的服务就是"真"。故土力学的研究或学习应始终秉承一个理念，即为工程实践服务。

　　本书的主要内容包括土的物理性质及工程分类、土的渗透性、土中应力分析、土的压缩性、地基变形、土的抗剪强度、土压力、土坡稳定分析、地基承载力，囊括了土力学的三大理论（土的渗透性理论、变形理论和强度理论），以及土力学的工程应用问题（沉降计算问题、地基承载力问题、土压力问题、土坡稳定问题）和土力学的基础知识。

第 1 章

土的物理性质及工程分类

1.1　土的形成

在土木工程中，土是指岩石风化后形成的碎散的、覆盖于地表的、由矿物颗粒和岩石碎屑组成的堆积体。地球表面的岩石在大气中经受长期的风化作用而破碎后，形成形状不同、大小不一的颗粒，这些颗粒受各种自然力的作用，在各种不同的自然环境下堆积下来，就形成了通常所说的土。堆积下来的土，在很长的地质年代中发生复杂的物理化学变化，逐渐压密、岩化，最终又形成岩石，就是沉积岩。因此，在自然界中，岩石会不断风化破碎形成土，而土也会不断压密、岩化变成岩石。这一循环过程重复地进行着。工程上遇到的大多数土都是在第四纪地质历史时期内形成的。第四纪地质年代的土又可分为更新世土和全新世土两类。其中，第四纪全新世中晚期沉积的土，即在人类文化期以来所沉积的土，称为新近代沉积土，一般为欠固结土，强度较低。

按形成土体的地质作用力和沉积条件（沉积环境），土体可划分为若干类型，如残积土、坡积土、洪积土、冲积土等。不同的成因决定了土体的性质成分及其工程地质特征。

1.1.1　残积土

残积土是由基岩风化而成，未经搬运留于原地的土体。它处于岩石风化壳的上部（风化壳中的剧风化带）。残积土一般形成剥蚀平原。

影响残积土工程地质特征的因素主要是气候条件和母岩的岩性。

1. 气候因素

气候影响着风化作用类型，从而使得不同气候条件不同地区的残积土具有特定的粒度成分、矿物成分、化学成分。

· 2 ·

（1）干旱地区：以物理风化为主，只能使岩石破碎成粗碎屑物和砂砾，缺乏黏性土矿物，具有砾石类土和工程地质特征。

（2）半干旱地区：在物理风化的基础上发生化学变化，使原生的硅酸盐矿物变成黏性土矿物；但由于雨量稀少，蒸发量大，故土中常含有较多的可溶盐类，如碳酸钙、硫酸钙等。

（3）潮湿地区：①在潮湿而温暖、排水条件良好的地区，由于有机质迅速腐烂，分解出 CO_2，有利于高岭石的形成；②在潮湿温暖而排水条件差的地区，则往往形成蒙脱石。

可见，从干旱、半干旱地区至潮湿地区，土的颗粒组成由粗变细；土的类型从砾石类土过渡到砂类土、黏性土。

2. 母岩因素

母岩的岩性影响着残积土的粒度成分和矿物成分；酸性火成岩，含较多的黏性土矿物，其岩性为粉质黏性土或黏性土；中性或基性火成岩，易风化成粉质黏性土；沉积岩大多是松软土经成岩作用后形成的，风化后往往恢复原有松软土的特点，如黏性土岩形成黏性土、细砂岩形成细砂土等。

残积物的厚度在垂直方向和水平方向变化较大，这主要与沉积环境、残积条件有关（山丘顶部因侵蚀而厚度较小；山谷低洼处则厚度较大）。残积物一般透水性强，以致残积土中一般无地下水。

1.1.2　坡积土

坡积土是残积物经雨水或融化了的雪水的片流搬运作用，顺坡移动堆积而成的，所以其物质成分与斜坡上的残积物一致。坡积土体与残积土的工程地质特征很相似。

（1）岩性成分多种多样。

（2）一般见不到层理。

（3）地下水一般属于潜水，有时形成上层滞水。

（4）坡积土体的厚度变化大，由几厘米至一二十米，在斜坡较陡处薄，在坡脚地段厚。一般斜坡的坡角越大，坡脚坡积物的范围越大。

1.1.3　洪积土

洪积土是暂时性、周期性地面水流（如山洪）带来的碎屑物质，在山沟的出口地方堆积而成。洪积土体多发育在干旱、半干旱地区，如我国的华北、西北地区。其特征为：距山口越近颗粒越粗，多为块石、碎石、砾石和粗砂，分选差，磨圆度低，强度高，压缩性小（但孔隙大，透水性强）；距山口越远颗粒越细，分选好，磨圆度高，强度低，压缩性高。

此外，洪积土体具有比较明显的层理（交替层理、夹层、透镜体等）；洪积土体中地下水一般属于潜水。

1.1.4　湖积土

湖积土在内陆分布广泛，一般分为淡水湖积土和咸水湖积土。淡水湖积土分为湖岸土和湖心土两种。湖岸土多为砾石土、砂土或粉质砂土；湖心土主要为静水沉积物，成分复杂，以淤泥、黏性土为主，可见水平层理。咸水湖积土以石膏、岩盐、芒硝及 RCO_3（R 为金属）岩类为主，有时以淤泥为主。总之，湖积土具有以下工程地质特征：

（1）分布面积有限，且厚度不大。

（2）具有独特的产状条件。

（3）黏性土类湖积土常含有机质、各种盐类及其他混合物。

（4）具有层理性和各向异性。

1.1.5　冲积土

冲积土是河流的流水作用将碎屑物质搬运堆积在它侵蚀成的河谷内而形成的。

冲积土主要发育在河谷内以及山区外的冲积平原中，一般可分为三个相，即河床相、河漫滩相、牛轭湖相。

（1）河床相冲积土主要分布在河床地带，冲积土一般为砂土及砾石类土，有时也夹有黏性土透镜体，在垂直剖面上土粒由下到上，由粗到细，成分较复杂，但磨圆度较高。

山区河床冲积土厚度不大，一般为 10 m 左右；而平原地区河床冲积土则厚度很大，一般超过几十米，其沉积物也较细。

河床相土体是良好的天然地基。

（2）河漫滩相冲积土是由洪水期河水将细粒悬浮物质带到河漫滩上沉积而成的。其一般为细砂土或黏性土，覆盖于河床相冲积土之上，常为上下两层结构，下层为粗颗粒土，上层为泛滥的细颗粒土。

（3）牛轭湖相冲积土是在废河道形成的牛轭湖中沉积下来的松软土，由含有大量有机质的粉质黏性土、粉质砂土、细砂土组成，没有层理。

河口冲积土由河流携带的悬浮物质，如粉砂、黏粒和胶体物质在河口沉积的一套淤泥质黏性土、粉质黏性土或淤泥组成。河口冲积长期发育形成河口三角洲，往往作为港口建筑物的地基。

另外，土还有很多类型，如冰川土、崩积土、风积土、海洋沉积土、火山土等。土的形成过程决定了它具有特殊的物理力学性质。深刻理解土的形成过程，有利于掌握土力学性质的本质。

1.2　土的三相组成

　　土是由固相、液相、气相组成的三相体。固相物质包括多种矿物成分组成的土骨架，骨架间的空隙由液相和气相填满，这些空隙是相互连通的，形成多孔介质。液相主要是水（溶解有少量的可溶盐类）。气相主要是空气、水蒸气，有时还有沼气等。土中三相物质的含量比例不同，土的形态和性状也就不同，自然界的土中固相物质占土体积的一半以上。不同成因类型的土，即使达到相同的三相比例关系，但由于其颗粒大小、形状、矿物成分类型及结构构造不同，其性质也会相去甚远。土与岩石的主要区别在于固体颗粒间的联结很弱，因此，其强度较其他固体材料要低得多，且极易受外界环境（湿度、温度）的影响。由于土的成因类型、形成历史不同，其性质及性状极其复杂多变。为了对土性的复杂的工程特性做到基本了解，首先要对其组成中的三相进行分析。

1.2.1　固体颗粒

　　固体颗粒构成土骨架，它对土的物理力学性质起决定性的作用。研究固体颗粒，就要分析粒径的大小及不同尺寸颗粒在土中所占的百分比，即土的粒径级配。另外，还要研究固体颗粒的矿物成分以及颗粒的形状。这三者之间是密切相关的。例如，粗颗粒的成分都是原生矿物，形状多呈单粒状；而颗粒很细的土，其成分多是次生矿物，形状多为针片状。

　　1. 固体颗粒大小分析——粒径级配

　　由于颗粒大小不同，土可以具有很不相同的性质。例如，粗颗粒的砾石，具有很强的透水性，完全没有黏性和可塑性；而细颗粒的黏性土透水性很小，黏性和可塑性较大。颗粒的大小通常以粒径表示。由于土颗粒形状各异，颗粒粒径在筛分法中用通过的最小筛孔的孔径表示；在水分法中用在水中具有相同下沉速度的当量球体的直径表示。工程上按粒径大小分组，称为粒组，即某一级粒径的变化范围，如图 1.1 所示。以砾石和砂粒为主要粒径的土，称为无黏性土，以粉粒、黏粒和胶粒为主要粒径的土，称为黏性土。

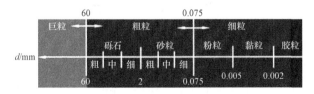

图 1.1　粒组

　　工程中使用的粒径级配分析方法有筛分法和水分法两种。

　　筛分法适用于土中粒径大于 0.075 mm 的颗粒。它是利用一套孔径大小不同的筛子，将事先称过质量的烘干土样过筛，分别称留在各筛上的土重，然后计算相应的百分数。

水分法用于分析土中粒径小于 0.075 mm 的颗粒。根据斯托克斯（Stokes）定理，球状的颗粒在水中的下沉速度与颗粒直径的平方成正比。因此，可以利用粗颗粒下沉速度快、细颗粒下沉速度慢的原理，按下沉速度进行颗粒粗细分组。基于这种原理，实验室常用密度计进行颗粒分析，称为密度计法。

筛分法和水分法的试验结果可以处理为如图 1.2 所示的粒径级配累积曲线。常用半对数坐标系画图，其中横坐标为粒径，纵坐标为小于某粒径的颗粒含量占总质量的百分比。粒径级配曲线的任意两点之间连线的斜率代表了某粒径范围的颗粒含量，曲线陡，相应的粒组含量多，曲线缓，相应的粒组含量少，如果曲线有平台，则相应粒组缺乏。为了进一步对土体粒径大小进行分析，定义小于某粒径的颗粒含量占总质量的 60% 时对应的粒径 d_{60} 为控制粒径；同理定义 d_{50} 为平均粒径；d_{10}、d_{30} 为有效粒径。土样的不均匀程度用不均匀系数 C_u 来表示，$C_u = d_{60}/d_{10}$；$C_u \geqslant 5$，称为不均匀土，反之称为均匀土。为了反映粒径的连续性，定义曲率系数 C_c，$C_c = \dfrac{d_{30}^2}{d_{10}d_{60}}$；当 $C_c = 1 \sim 3$ 时，为连续级配；当 $C_c < 1$ 或 $C_c > 3$ 时，为不连续级配。不均匀系数 C_u 和曲率系数 C_c 用于判定土的级配优劣：当 $C_u \geqslant 5$ 且 $C_c = 1 \sim 3$ 时，为级配良好的土；当 $C_u < 5$ 或 $C_c > 3$ 或 $C_c < 1$ 时，为级配不良的土。

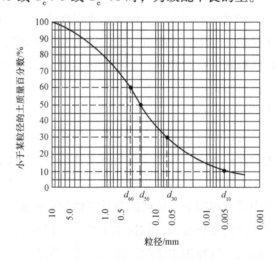

图 1.2　粒径级配累积曲线

2. 土体颗粒成分分析

土中固体颗粒成分如图 1.3 所示，绝大部分是矿物质，另外或多或少有些有机质。

原生矿物是由岩石经过物理风化生成的，粗的土颗粒通常是由一种或多种原生矿物所组成的岩粒或岩屑，即使很细的岩粉仍然是原生矿物。

次生矿物是由原生矿物经化学风化后形成的新的矿物。土中最主要的次生矿物是黏性土矿物。黏性土矿物具有不同于原生矿物的复合层状的硅酸盐矿物，它对黏性土的工程性质影响很大。次生矿物还有倍半氧化物和次生二氧化硅。它们除以晶体形式存在以外，还常以凝

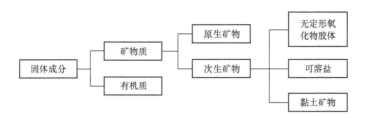

图 1.3　固体颗粒成分

胶的形式存在于土粒之间，增加了土体的抗剪强度。

可溶盐是第三种次生矿物，它们包括 $CaCO_3$、$NaCl$、$MgCO_3$ 等，可能以固体形式存在，也可能溶解在溶液中，增加颗粒间的联结，增强土的抗剪强度。

黏性土矿物是一种复合的铝 – 硅盐晶体，颗粒呈片状，是由硅片和铝片构成的晶包组叠而成。硅片的基本单元是硅氧（$Si–O$）四面体，如图 1.4 所示，铝片的基本单元是铝氢氧（$Al–OH$）八面体，如图 1.5 所示。硅片和铝片构成两种基本类型的晶胞，即由一层硅片和一层铝片构成的二层型晶胞和由两层硅片中间夹一层铝片构成的三层型晶胞。这两类晶胞的不同叠置形式形成了不同的黏性土矿物，可分成高岭石、蒙脱石和伊利石三种类型。

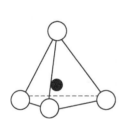

图 1.4　硅氧四面体

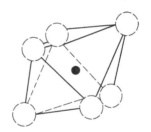

图 1.5　铝氢氧八面体

高岭石是两层结构，如图 1.6 所示。由一层硅氧四面体层和一层铝氢氧八面体层通过公共的氧原子连接成一个晶胞，其四面体层可以用一个等腰梯形表示。晶胞内的电荷是平衡的，晶胞之间由氧原子和氢氧根连接，氢氧根中的氢与相邻晶胞中的氧形成氢键，起着连接作用，故性质是较稳定的，水分子不易进入晶胞间而发生膨胀。典型的高岭石有 $70 \sim 100$ 层，属三斜及单斜晶体，密度为 $2.58 \sim 2.61$ g/cm^3，它的水稳性好，可塑性低，压缩性低，亲水性差。

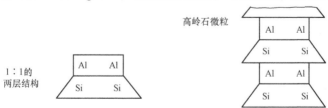

图 1.6　高岭石结构

蒙脱石组属三层结构，如图 1.7 所示。它由两层硅氧四面体层夹一层铝氢氧八面体层构成。作为单个黏性土片的蒙脱石只有几层，其特点是两层之间以氧原子与氧原子相连，靠分子间的相互作用力（范德华力）相互连接，连接力很弱，水分子容易进入晶胞之间，使晶胞的距离增大。因此，蒙脱石的晶格是活动的，吸水后会发生膨胀，体积可增大数倍。脱水后则可收缩。膨胀土就是黏粒中含有一定数量的这类矿物的缘故。一般含量在 5% 以上，就会有明显的膨胀性。

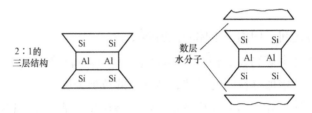

图 1.7　蒙脱石结构

伊利石是云母类黏性土矿物的统称，也为三层结构，如图 1.8 所示。与蒙脱石的不同之处是类质同象置换主要发生在硅氧四面体中，约有 20% 的硅被铝、铁置换，由此而产生的不平衡电荷由进入晶胞之间的钾、钠离子（主要是 K^+）来平衡，钾键起到晶胞与晶胞之间的连接作用，连接力较强。因此，水分子就不易进入，遇水膨胀、脱水收缩的能力低于蒙脱石，单片厚为十几层，其力学性质介于高岭石与蒙脱石之间。

图 1.8　伊利石结构

研究表明，片状黏性土颗粒表面常带有电荷，净电荷通常为负电荷，此即黏性土矿物的带电性质。1809 年，莫斯科大学列伊斯教授完成了一项很有趣的试验——电渗电泳试验。试验如图 1.9 和图 1.10 所示。他在潮湿的黏性土膏中插入两根玻璃管，管内撒上一层净砂，注入清水至同样高度，再放入电极通以直流电，经过一段时间后出现了如图 1.10 所示的现象：正极玻璃管内的水慢慢浑浊起来，同时水位逐渐下降，说明极细小的黏粒本身带有一定量的负电荷，在电场作用下向正极移动，这种现象称为电泳；负极的玻璃管内水仍然是清澈透明的，但水位逐渐升高，说明水分子在电场作用下上向负极移动，由于水中含有一定量的阳离子（K^+、Na^+、Ca^{2+}、Mg^{2+} 等），故水的移动实际上是水分子随这些水化了的阳离子一起移动，这种现象称为电渗。电泳、电渗是同时发生的，统称为电动现象。利用电动现象可以加固软黏性土地基，使软土的含水量降低，强度提高，在国内已有实际应用的例子。但因耗电量很大，费用较高，一般只用于已成建筑物的加固。

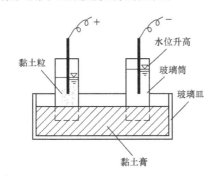

图1.9 列伊斯电渗电泳试验装置

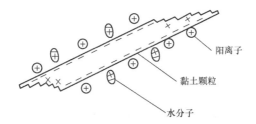

图1.10 列伊斯电渗电泳试验现象

3. 固体颗粒形状和比表面积

（1）颗粒形状。原生矿物：一般颗粒较粗，多呈粒状；圆状、浑圆状、棱角状等。次生矿物：颗粒较细，多呈针状、片状、扁平状。

（2）比表面积。单位质量土颗粒所拥有的总表面积。对于黏性土，其大小直接反映土颗粒与四周介质，特别是水相互作用的强烈程度，是代表黏性土特征的一个很重要的指标。高岭石的比表面积为 $10 \sim 20$ m^2/g，伊利石为 $80 \sim 100$ m^2/g，蒙脱石为 800 m^2/g。

1.2.2 土中水

组成土的第二种主要成分是土中水。土中水除了一部分以结晶水的形式存在于固体颗粒内部的矿物中以外，可以分成结合水和自由水两大类。

（1）结合水是受颗粒表面电场作用力吸引而包围在颗粒四周，不传递静水压力，不能任意流动的水。结合水根据土粒对其吸引力的强弱又分为强结合水和弱结合水。

①强结合水。排列致密，密度 >1 g/cm^3；冰点处于零下几十摄氏度；完全不能移动，具有固体的特性；温度略高于 100 ℃时可蒸发。

②弱结合水。受电场引力作用，为黏滞水膜，在外力作用下可以移动，不因重力而流动，有黏滞性。

（2）自由水是不受颗粒电场引力作用的孔隙水。自由水分为毛细水和重力水。毛细水是由于土体孔隙的毛细作用升至自由水面以上的水，承受表面张力和重力的作用；重力水是自由水面以下的孔隙自由水，在重力作用下可在土中自由流动。

1.2.3 土中气

土中气包括自由气体和封闭气体。

自由气体是与大气连通的气体，对土的性质影响不大。

封闭气体是指被土颗粒和水封闭的气体，其体积与压力有关。其特点是：会增加土的弹性；阻塞渗流通道，降低渗透性；溶解在水中；吸附于土颗粒表面。

1.3　土的三相比例指标

土的三相之间的比例关系是土的工程力学性质表现的基石，为了对三相之间的比例关系做一个定量的描述，本节将土体简化为如图 1.11 所示的三相比例简图。简图定义了 9 个物理量。

V——总体积；

V_v——孔隙体积；

V_s——固体颗粒体积；

V_a——气相体积；

V_w——液相体积；

m_s——固体颗粒质量；

m_w——液相质量；

m_a——气相质量；

m——总质量。

在 9 个物理量的基础上又定义了 9 个三相比例指标用来表征土体三相之间的比例关系。其中 3 个基本试验指标是土的密度、土粒相对密度和土的含水量。其他指标均称为换算指标。

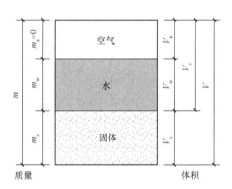

图 1.11　三相比例

1.3.1　基本试验指标

1. 土的密度 ρ

土的密度指的是土单位体积的质量，用 ρ 来表示。

$$\rho = \frac{m}{V} = \frac{m_s + m_w}{V_s + V_w + V_a}$$

（1.1）

单位：kg/m³ 或 g/cm³。

一般范围：1.60～2.20 g/cm³。

相关指标：

土的重度：$\gamma = \rho g$；单位：kN/m³。

2. 土粒相对密度 G_s

土粒相对密度指的是土粒的密度与 4 ℃时纯蒸馏水密度的比值。

$$G_s = \frac{m_s}{V_s \rho_{w4\,℃}} = \frac{\rho_s}{\rho_{w4\,℃}} \tag{1.2}$$

单位：无量纲。

一般范围：

黏性土：2.70～2.75；砂土：2.65。

3. 土的含水量 w

土的含水量是土中水的质量与土粒质量之比，用百分数表示。

$$w\ (\%)\ = \frac{m_w}{m_s} = \frac{m - m_s}{m_s} \tag{1.3}$$

单位：无量纲。

一般范围：变化范围大。

1.3.2　换算指标

1. 孔隙比 e

孔隙比是指土中孔隙体积与固体颗粒体积之比，为无量纲。

$$e = \frac{V_v}{V_s} \tag{1.4}$$

2. 孔隙率（孔隙度）n

孔隙率是指土中孔隙体积与总体积之比，用百分数表示。

$$n\ (\%)\ = \frac{V_v}{V} \tag{1.5}$$

砂类土：28%～35%；黏性土：30%～50%，有的为 60%～70%。

$$n = \frac{e}{1 + e} \tag{1.6}$$

$$e = \frac{n}{1 - n} \tag{1.7}$$

3. 饱和度 S_r

饱和度是指土中水的体积与孔隙体积的比值，表示孔隙中充满水的程度。

$$S_r = \frac{V_w}{V_v} \tag{1.8}$$

干土：$S_r = 0$；饱和土：$S_r = 1$。

4. 干密度 ρ_d

干密度是指土被烘干时的密度。

$$\rho_d = m_s / V \tag{1.9}$$

干重度：$\gamma_d = \rho_d g$。

5. 饱和密度 ρ_{sat}

饱和密度是指土被水饱和时的密度。

$$\rho_{sat} = \frac{m_s + \rho_w V_v}{V} \tag{1.10}$$

饱和重度：$\gamma_{sat} = \rho_{sat} g$。

6. 浮重度 γ'

浮重度是用饱和土体的饱和重度减去水的重度。

$$\gamma' = \gamma_{sat} - \gamma_w \tag{1.11}$$

【例1.1】　某饱和黏性土的含水量为40%，相对密度为2.7，求土的孔隙比和干密度。

解：因为土体为饱和土，所以 $S_r = 1$。则

$$e = w \times \frac{G_s}{S_r} = 0.4 \times \frac{2.7}{1} = 0.108$$

$$\rho_d = \frac{G_s}{1 + e} \rho_w = \frac{2.7}{1 + 0.108} \times 10 = 24.4 \ (kN/m^3)$$

1.4 土的结构

土的结构是指土颗粒或集合体的大小和形状、表面特征、排列形式以及它们之间的连接关系，而构造是指土层的层理、裂隙和大孔隙等宏观特征，也称宏观结构。

土的结构对土的工程性质影响很大，特别是黏性土。如某些灵敏性黏性土在原状结构时具有一定的强度，而当结构扰动或重塑时，强度就降低很多，甚至不能再成型。同一种土的原状结构试样与重塑时抗压强度的比值，称为灵敏度。

1.4.1 土的结构类型

土的结构与土的形成条件密切相关，大体上可分为以下三种主要的类型。

1. 单粒结构

单粒结构是组成砂、砾等粗粒土的基本结构类型，颗粒较粗大，比表面积小，颗粒之间是点接触，几乎没有连接，粒间相互作用的影响较重力作用的影响可忽略不计，是在重力场作用下堆积而成的。因颗粒排列方式不同，故疏密程度也不同，设土粒为均一球体，则最松散的几何排列孔隙比为 0.91，最紧密的排列孔隙比只有 0.35。自然界粗粒土的颗粒大小不一，也非球形，但自然孔隙比一般为 0.35 ~ 0.91。松散结构的土在动力作用下会使结构趋于紧密，如果此时孔隙中充满水，则将产生附加孔隙水压力，使砂粒呈悬液状，这称为振动液化。单粒结构土的工程性质，除与密实程度有关外，还与颗粒大小、级配、土粒的表面形状及矿物成分类型有关。

2. 片架结构

片架结构的黏粒是在絮凝状态下形成的，也称絮凝结构。其特点是黏性土片以边—面或边—边连接为主，颗粒呈随机排列，性质较均匀，但孔隙较大，对扰动比较敏感。某些饱和黏性土在动力作用下会失去强度而呈溶胶状，在外力作用停止后又能重新絮凝成土体，这种现象叫触变，具有触变性的土多属于此类结构。

3. 片堆结构

片堆结构的黏粒是在分散状态下沉积而形成的，也称分散结构。其特点是以面—面连接为主，黏性土片呈定向排列，密度较大，具有明显的各向异性的力学性质。实际上自然界土的结构要复杂得多，由黏性土片组成的集合体可大可小，黏性土片之间可以是定向排列，也可以是随机排列，具有微小的空隙，由集合体相互组构时，集合体之间既可以是定向排列的，也可以是随机排列的，它们之间有较大一些的空隙，反映在结构形式层次上也是有变化的。此外，黏性土中也会含有一些砂粒和粉粒，它们比黏粒要大得多。在形成土的结构过程中，这些粗颗粒的周围常包裹着一层黏粒，使粗颗粒之间不是直接接触。土中的黏粒含量即使不占优势，也能反映出黏性土的性质。

1.4.2　灵敏度和触变性

1. 灵敏度

天然的黏性土都具有一定的结构性，由结构性形成的强度称为结构强度。结构强度在土的强度中占有很重要的地位。当土体受到扰动时，如开挖、振动、打桩等，结构强度很容易受到破坏，整体强度显著降低，压缩性大大增加。土的结构性对土强度的影响用灵敏度来表示。

灵敏度 S_t 指的是原状土的无侧限抗压强度 q_u 和重塑土的无侧限抗压强度 q_u' 之比，即

$$S_t = \frac{q_u}{q_u'} \tag{1.12}$$

工程中根据灵敏度的大小，将土性划分为表 1.1 中的几种。

表 1.1　黏性土的结构性分类

黏性土	不灵敏	低灵敏	中等灵敏
S_r	$S_t \leqslant 1.0$	$1.0 < S_t \leqslant 2.0$	$2.0 < S_t \leqslant 4.0$
黏性土	灵敏	高灵敏	流动
S_r	$4.0 < S_t \leqslant 8.0$	$8.0 < S_t \leqslant 16.0$	$S_t > 16.0$

灵敏度在工程上主要用于饱和、近饱和的黏性土。饱和黏性土，灵敏度很高。沿海新近沉积的淤泥、淤泥质土，灵敏度极高，其值可达几十甚至更大。对于中、高灵敏度的黏性土，要特别注意避免扰动和保护基坑，因为土的物理、力学性质指标变化极大，对工程不利。

2. 触变性

与灵敏度相关的另一概念是土体触变性。饱和及近饱和的黏性土、粉土，本来处于可塑状态，当受到扰动时，如振动、打桩等，土的结构受到破坏，强度显著降低，物理状态会变成流动状态。其中的自由水产生流动，部分弱结合水在振动作用下也会脱离土颗粒而成为自由水析出。但在扰动作用停止后，经过一段时间，土颗粒和水分子及离子会重新组合排列，形成新的结构，又可以逐步恢复至原来的强度和物理状态。黏性土的水—土系统在含水率和密度不变的条件下，上述的状态变化及可逆性属于胶体化学特性，在工程上称为土体的触变性。土体的触变性是由土结构中连接形态发生变化而引起的，是土结构随时间变化的宏观表现。

目前，还没有合理描述土体的触变性的方法和指标。

1.5　土的物理状态表征

工程中，无黏性土的物理状态表现为密实程度，越密实，一般工程特性越好；而黏性土的物理状态表现为稠度，即软硬程度，越软，工程特性越差。

1.5.1　无黏性土的密实度

密实度通常指单位体积中固体颗粒含量的多少。土颗粒含量多，土就密实；反之，土就疏松。从这一角度分析，在土的三相比例指标中，干重度和孔隙比都是表示土的密实度的指标。但此两种指标有其缺点，主要是没有考虑粒径级配这一重要因素的影响。

为了更好地表示粗粒土（无黏性土）所处的松密状态，工程上采用将现场土的孔隙比 e 与该种土所能达到的最密时的孔隙比和最松时的孔隙比相对比表示其密实程度，该指标称为相对密实度 (D_r)。

$$D_r = \frac{e_{max} - e}{e_{max} - e_{min}} \qquad (1.13)$$

式中　e_{max}——最大孔隙比；

　　　e_{min}——最小孔隙比。

可以将松散的风干土样通过长颈漏斗轻轻地倒入容器中，避免重力冲击，求得土的最小干密度，再经换算得到最大孔隙比；将松散的风干土样装入金属容器中，按规定方法振动和锤击，直至密度不再提高，求得土的最大干密度，再经换算得到最小孔隙比。

理论上的最大孔隙比与最小孔隙比在室内测定有时很困难。

$$D_r = 0 \qquad\qquad\qquad 最松状态$$
$$D_r > 1/3 \qquad\qquad\quad 疏松状态$$
$$1/3 < D_r < 2/3 \qquad\quad 中密状态$$
$$D_r > 2/3 \qquad\qquad\quad 密实状态$$
$$D_r = 1 \qquad\qquad\qquad 最密状态$$

相对密实度指标主要用于人工填土。天然砂土层采用原位标准贯入试验法测定密实度。

1.5.2　黏性土的稠度

黏性土的稠度状态与含水量有关。随着含水量的增加，黏性土逐渐由较硬变软，土体要经历不同的物理状态。当含水量很大时，土是一种黏滞流动的液体，即泥浆，这种状态称为流动状态；随着含水量逐渐减少，黏滞流动的特点渐渐消失而显示出塑性（所谓塑性，就是指可以塑成任何形状而不发生裂缝，并在外力解除以后能保持现有的形状而不恢复原状的性质），这种状态称为可塑状态；当含水量继续减少时，发现土的可塑性逐渐消失，从可塑状态变为半固体状态。如果同时测定含水量减少过程中土的体积变化，则可发现土的体积随着含水量的减少而减少，但当含水量很少的时候，土的体积不再随含水量的减少而减少，这种状态称为固体状态。

黏性土从一种状态变到另一种状态的含水量分界点，称为界限含水量。流动状态与可塑状态间的界限含水量，称为液限 w_L；可塑状态与半固体状态间的界限含水量，称为塑限 w_p；半固体状态与固体状态间的界限含水量，称为缩限 w_s。

液限 w_L 可采用平衡锥式液限仪测定。平衡锥重为 76 g，锥角为 30°。试验时使平衡锥在自重作用下沉入土膏，15 s 内正好沉入深度 10 mm 时的含水量即液限。

塑限 w_p 是用搓条法测定的。把塑性状态的土在毛玻璃板上用手搓条，在缓慢的、单方向的搓动过程中，土膏内的水分渐渐蒸发，如搓到土条的直径为 3 mm 左右时断裂为若干段，则此时的含水量即塑限 w_p。详细的试验操作步骤请查阅滚搓法塑限试验。

不同的黏性土，w_p、w_L 大小不同；即不同的黏性土，含水量相同，稠度可能不同。

1. 液性指数

液性指数是表征土的含水量与界限含水量之间相对关系的指标。对重塑土较为合适。

$$I_L = \frac{w - w_p}{w_L - w_p} \tag{1.14}$$

可塑状态的土的液性指数为 0~1，液性指数越大，表示土越软；液性指数大于 1 的土处于流动状态，小于 0 的土则处于固体状态或半固体状态。

黏性土的状态可根据液性指数 I_L 分为坚硬、硬塑、可塑、软塑和流塑，见表 1.2。

表 1.2　黏性土物理状态分类

$I_L \le 0$	$0 < I_L \le 0.25$	$0.25 < I_L \le 0.75$	$0.75 < I_L \le 1.0$	$I_L > 1.0$
坚硬	硬塑	可塑	软塑	流塑

2. 塑性指数

可塑性是黏性土区别于砂土的重要特征。可塑性的大小用土处在塑性状态的含水量变化范围来衡量，从液限到塑限，含水量的变化范围越大，土的可塑性越好。这个范围称为塑性指数 I_p。

$$I_p = w_L - w_p \tag{1.15}$$

塑性指数反映吸附结合水的能力，即黏性大小，大体上表示土的弱结合水含量，大致反映黏性土颗粒含量。塑性指数常作为细粒土工程分类的依据。

1.6 土的分类标准和地基土的工程分类

自然界中土的种类很多，工程性质各异。为了便于调查研究、分析评价和交流，需要按其主要特征进行分类。

当前，国内使用的土名和土的分类方法并不统一，各个工程部门都使用各自制定的规范，各规范中土的分类标准也不完全一样。国际上的情况同样如此，各个国家都有自己的一套或几套规定。存在这种情况有客观和主观的原因。各种土的性质复杂多变，差别很大，而且这些差别又都是渐变的，要用简单的特征指标进行划分是比较困难的。此外，有些部门侧重于利用土作为建筑物地基，有些部门侧重于利用土作为修筑土工结构的材料，另有一些部门侧重于利用土作为周围介质修建地下结构物。由于各个部门对土的某些工程性质的重视程度和要求不完全相同，制定分类标准时的着眼点也就不同。加上长期的经验和习惯，大家很难取得一致的看法和主张。几个行业的土性分类法如图 1.12、图 1.13 所示。

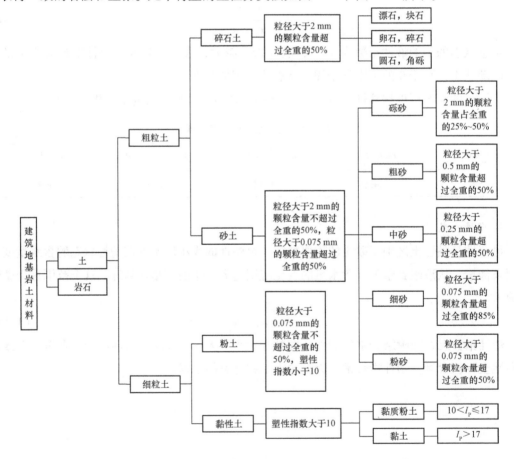

图 1.12　《建筑地基基础设计规范》（GB 50007—2011）分类法

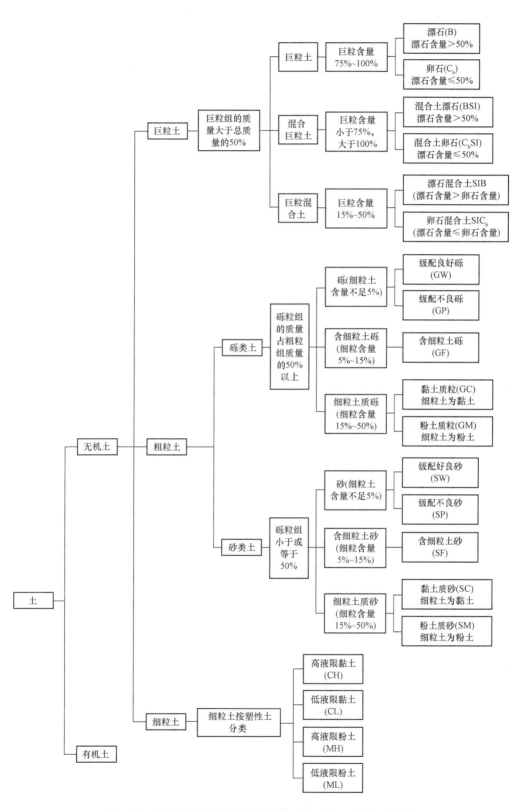

图 1.13　水利行业《土工试验规程》（SL 237—1999）分类法

复习思考题

1. 为何要了解土的形成过程？

2. 土是如何形成的？常见的地基土形成于哪个年代？

3. 不同形成环境形成的土层的工程地质特性有何差异？

4. 何为黏粒、黏性土、黏性土、黏性土矿物？

5. 土中黏性土矿物对土的性质有何影响？

6. 何为粒径级配累积曲线？工程中如何应用粒径级配曲线分析土体？

7. 为何水对砂性土影响小而对黏性土影响较大？

8. 何为试验指标？何为换算指标？

9. 9个三相比例指标的工程应用是怎样的？

10. 试验室已有土样 50 kg，含水率为 48.2%，而试验试样需要含水率为 12.5%，如何配制？

11. 某干砂试样，$\gamma = 16.9 \ kN/m^3$，$G_s = 2.70$，经受细雨，但体积未变，$S_r = 40\%$，求经雨后砂土的重度 γ、含水率 w 各为多少？

12. 证明：$S_r = \dfrac{G_s w}{e}$；$\gamma' = \gamma_{sat} - \gamma_w$；$e = \dfrac{G_s (1+w) \gamma_w}{\gamma} - 1$

13. 何为土的结构性？它对土的工程特性有何影响？

14. 何为灵敏度？工程中对于灵敏度高的土如何处理？

15. 何为土的触变性？

16. 何为液性指数？何为塑性指数？简述两者的工程应用。

17. 何为相对密实度？简述其与孔隙比、干密度评价无黏性土的密实程度的异同点。

18. 简述土的分类依据。

19. 简述各个岩土行业土的分类的异同点。

第 2 章

土的渗透性

2.1 土的渗透特性

土是一种碎散的多孔介质，其孔隙在空间中互相连通。当饱和土中的两点存在能量差时，水就在土的孔隙中从能量高的点向能量低的点流动。

水在土体孔隙中流动的现象称为渗流。土具有被水等液体透过的性质，称为土的渗透性。

土的渗透性同土的强度和变形特性一样，是土力学中所研究的几个主要的力学性质之一。在岩土工程的各个领域内，许多课题都与土的渗透性有密切的关系。概括来说，对土体的渗透问题的研究主要包括下述四个方面：

（1）渗流量问题。该问题包括土石坝和渠道渗水漏水量的估算，基坑开挖时的涌水量计算以及水井的供水量估算等。渗流量的大小将直接关系工程的经济效益。

（2）渗透力和水压力问题。流经土体的水流对土颗粒和土骨架施加的作用力，称为渗透力。渗流场中的饱和土体和结构物会受到水压力的作用，在土工建筑物和地下结构物的设计中，正确地确定上述作用力的大小是十分必要的。当对这些土工建筑物和地下结构物进行变形或稳定性计算分析时，需要首先确定渗透力和水压力的大小与分布。

（3）渗透变形（或渗透稳定）问题。渗透力过大可引起土颗粒或土骨架的移动，从而造成土工建筑物及地基产生渗透变形，如地面隆起、细颗粒被水带出等现象。渗透变形（或渗透稳定）问题直接关系到建筑物的安全，它是水工建筑物、基坑和地基发生破坏的重要原因之一。统计资料表明，在土石坝事故中，各种形式的渗透变形导致的事故占 1/4 ~ 1/3。

（4）渗透控制问题。当渗流量和渗流变形不满足设计要求时，要采用工程措施加以控制，这称为渗流控制。

2.1.1　土体的渗透性

土体中的实际渗流仅是流经土粒间的孔隙，由于土体孔隙的形状、大小及分布极为复杂，导致渗流水质点的运动轨迹很不规则，如图 2.1（a）所示。考虑到在实际工程中并不需要了解具体孔隙中的渗流情况，可以对渗流做出如下两方面的简化：一是不考虑渗流路径的迂回曲折，只分析它的主要流向；二是不考虑土体中颗粒的影响，认为孔隙和土粒所占的空间总和均为渗流所充满。做了这种简化后的渗流其实只是一种假想的土体渗流，这种渗流称为渗流模型，如图 2.1（b）所示。为了使渗流模型在渗流特性上与真实的渗流相一致，它还应该符合以下要求：

（1）在同一过水断面，渗流模型的流量等于实际渗流的流量。

（2）在任意截面上，渗流模型的压力与实际渗流的压力相等。

（3）在相同体积内，渗流模型所受到的阻力与实际渗流所受到的阻力相等。

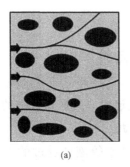 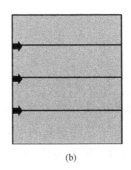

（a） （b）

图 2.1　渗流模型

（a）实际渗流；（b）简化后的渗流

2.1.2　土体的渗透定律——达西定律

1856 年，达西（Darcy）在研究城市供水问题时进行了渗流试验，其试验装置如图 2.2 所示。

装置中的①是横截面面积为 A 的直立圆筒，其上端开口，在圆筒侧壁装有两支相距为 l 的侧压管。筒底以上一定距离处装一滤板②，滤板上填放颗粒均匀的砂土。水由上端注入圆筒，多余的水从溢水管③溢出，使筒内的水位维持一个恒定值。渗透过砂层的水从短水管④流入量杯⑤中，并以此来计算渗流量 q。设 Δt 时间内流入量杯的水体体积为 ΔV，则渗流量 $q = \Delta V / \Delta t$。同时，读取断面 1—1 和断面 2—2 处的侧压管水头值 h_1、h_2，Δh 为两断面之间的水头损失。

达西分析了大量实验资料，发现土中渗透的渗流量 q 与圆筒断面面积 A 及水头损失 Δh 成正比，与断面间距 l 成反比，即

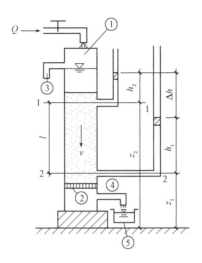

图 2.2　达西渗流试验装置

$$q = kA \frac{\Delta h}{l} = kAi \tag{2.1}$$

或

$$v = \frac{q}{A} = ki \tag{2.2}$$

式中　k——渗透系数，反映土的透水性能的比例系数，其物理意义为水力梯度 $i = 1$ 时的渗流速度（cm/s、m/s、m/day）；

　　　　i——$\Delta h / l$，水力梯度，也称水力坡降。

2.1.3　对达西定律的认识

达西定律描述了土中水在孔隙中流动的规律，即流动速度一方面与土的性质有关，另一方面与水力梯度成正比。为了对达西定律做进一步的认识，以便于更好地在工程中应用，特从以下几个方面深入学习。

1. 渗流速度 v

渗流速度 v 指的是土体试样全断面的平均渗流速度，也称假想渗流速度。它假定水在土中的渗流是通过整个土体截面进行的，而实际上渗流水仅仅通过土体中的孔隙流动，因此达西定律中的渗流速度并不是实际流速，它与实际流速之间的关系为

$$v_r = \frac{v}{n} \tag{2.3}$$

式中　v_r——实际平均流速；

　　　　v——孔隙断面的平均流速。

2. 渗透系数 k

渗透系数 k 是代表土渗透性强弱的定量指标，也是进行渗流计算时必须用到的一个基本

参数。不同种类的土,其渗透系数差别很大。

粒径大小与级配是土中孔隙直径大小的主要影响因素。因由粗颗粒形成的大孔隙可被细颗粒充填,故土体孔隙的大小一般由细颗粒控制。因此,土的渗透系数常用有效粒径 d_{10} 来表示,如哈臣公式,$k = c \cdot d_{10}^2$。

孔隙比是单位土体中孔隙体积的直接度量;对于砂性土,常建立孔隙比 e 与渗透系数 k 之间的关系,如

$$k = f(e^2)$$

$$k = f\left(\frac{e^2}{1+e}\right)$$

$$k = f\left(\frac{e^3}{1+e}\right)$$

矿物成分影响黏性土颗粒的表面力,不同黏性土矿物的渗透系数相差极大,其渗透性大小的次序为高岭石 > 伊利石 > 蒙脱石;黏性土中含有可交换的钠离子越多,其渗透性越低;塑性指数 I_p 综合反映土的颗粒大小和矿物成分,常是渗透系数的参数。

结构影响孔隙系统的构成和方向性,对黏性土影响更大;图 2.3 表示了土的结构对渗透系数的影响。在宏观构造上,天然沉积层状黏性土层和扁平状黏性土颗粒常呈水平排列,使得水平向渗透系数大于垂直向渗透系数;在微观结构上,当孔隙比相同时,凝聚结构比分散结构具有更大的透水性。

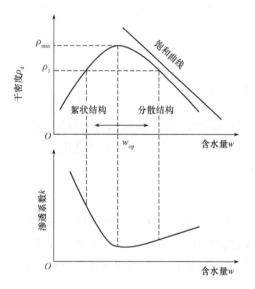

图 2.3　土的结构对渗透系数的影响

饱和度(含气量)对渗透系数的影响在于封闭气体,可减少有效渗透面积,还可以堵塞孔隙的通道。

水的动力黏滞系数对渗透系数也有影响,温度越高,水的黏滞性越小,渗透系数越小。

2.1.4　渗透系数的测定方法

如前所述，渗透系数是代表土渗透性强弱的定量指标，也是进行渗流计算时必须用到的一个基本参数。不同种类的土，其渗透系数差别很大。因此，准确地测定土的渗透系数是一项十分重要的工作。渗透系数的测定方法主要分实验室试验测定法和野外现场测定法两大类。其中，实验室试验测定法包括常水头试验法和变水头试验法（图 2.4）。

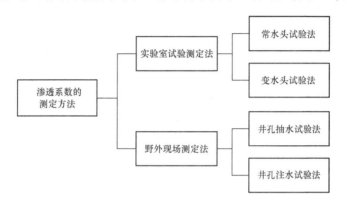

图 2.4　渗透系数的测定方法

1. 常水头试验法

常水头试验法的试验装置如图 2.5（a）所示，常水头试验法适用于透水性较大的砂性土。试验时将高度为 L、横截面面积为 A 的试样装入垂直放置的圆筒中，从土样的上端注入与现场土样温度完全相同的水，并用溢水口使水头保持不变。土样在水头差 Δh 的作用下产生渗流，当渗流达到稳定后，量得时间 t 内流经试样的水量为 Q，而土样渗流流量 $q = Q/t$，根据式（2.1）可求得

$$k = \frac{ql}{A\Delta h} = \frac{Ql}{A\Delta h t} \tag{2.4}$$

2. 变水头试验法

变水头试验法的试验装置如图 2.5（b）所示，变水头试验法适用于透水性较小的黏性土。在试验过程中，Δh 变化；A、a、L 是常数；试验时可以量测 t 时间内的水头 h，则

在 $t \sim t + \mathrm{d}t$ 时段内：

入流量：$\mathrm{d}V_e = -a\mathrm{d}h$

出流量：$\mathrm{d}V_o = ki A \mathrm{d}t = k\,(\Delta h/L)\,A\mathrm{d}t$

连续性条件：$\mathrm{d}V_e = \mathrm{d}V_o$

则

$$-a\mathrm{d}h = k\,(\Delta h/L)\,A\mathrm{d}t$$

$$\mathrm{d}t = -\frac{aL\,\mathrm{d}h}{kA\Delta h}$$

$$\int_0^t \mathrm{d}t = -\frac{aL}{kA}\int_{\Delta h_1}^{\Delta h_2}\frac{\mathrm{d}h}{\Delta h}$$

$$t = \frac{aL}{kA}\ln\frac{\Delta h_1}{\Delta h_2}$$

$$k = \frac{aL}{At}\ln\frac{\Delta h_1}{\Delta h_2}$$

选择若干组量测结果，计算相应的 k，取平均值。

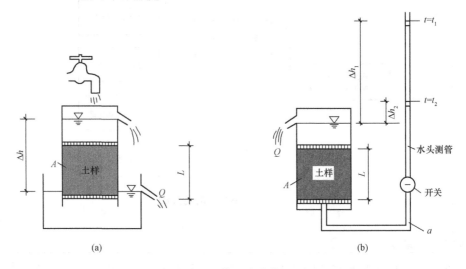

图 2.5　渗透试验装置

（a）常水头试验装置；（b）变水头试验装置

2.1.5　对水力坡降的理解

在水力学中，能量是水体发生流动的驱动力，按照伯努利方程，流场中单位质量的水体所具有的能量可用水头表示，包括如下 3 个部分：

（1）位置水头：计算点到基准面的竖直距离，表示单位质量的液体从基准面算起所具有的位置势能。

（2）压力水头：水压力所能引起的自由水面的升高，表示单位质量液体所具有的压力势能。

（3）测管水头：测管水面到基准面的垂直距离，等于位置水头和压力水头之和，表示单位质量液体的总势能。在静止液体中，各点的测管水头相等。

如图 2.6 所示，在存在渗流的土中，若一个点的质量为 m，压力为 u，流速为 v，则

位置势能：mgz

压力势能：$mg \cdot \dfrac{u}{\gamma_w}$

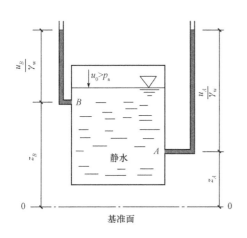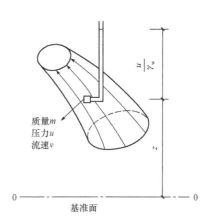

图 2.6　水头示意图

动能：$\dfrac{1}{2}mv^2$

总能量：$E = mgz + mg \cdot \dfrac{u}{\gamma_w} + \dfrac{1}{2}mv^2$

所以，单位质量水流的能量为

$$h = z + \frac{u}{\gamma_w} + \frac{v^2}{2g}$$

式中　h——总水头，是水流动的驱动力；

　　　z——位置水头，是水体的位置势能，任选基准面后，该点到基准面的距离即其位置

　　　　　水头；

　　　$\dfrac{u}{\gamma_w}$——压力水头，水体的压力势能，u 是孔隙水压力；

　　　$\dfrac{v^2}{2g}$——水体的动能，对于渗流，$v = 0$。

所以，渗流中的总水头为

$$h = z + \frac{u}{\gamma_w}$$

也称测管水头，是渗流的总驱动能，渗流总是从水头高处流向水头低处。如图 2.7 所示，A
点的总水头为

$$h_A = z_A + \frac{u_A}{\gamma_w}$$

B 点的总水头为

$$h_B = z_B + \frac{u_B}{\gamma_w}$$

则两点总水头差 Δh 反映了两点间水流由于摩阻力造成的能量损失：

$$\Delta h = h_A - h_B$$

水力梯度 i 是单位渗流长度上的水头损失，即

$$i = \frac{\Delta h}{L}$$

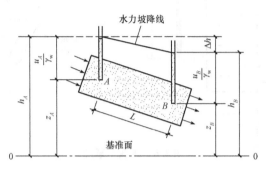

图 2.7　渗透示意图

2.1.6　达西定律的适用范围

达西定律的适用条件为层流（线性流动），其适用范围如图 2.8 所示。

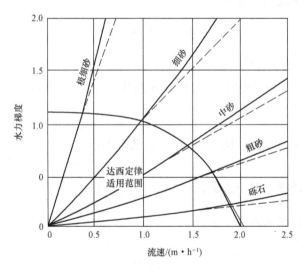

图 2.8　达西定律适用范围

岩土工程中绝大多数土质（包括砂土或一般黏性土）的渗流问题，均属层流范围。

在粗粒土孔隙中，水流形态可能会随流速增大呈紊流状态，渗流不再服从达西定律，可用雷诺数进行判断。

在纯砾以上很粗的粗粒土（如堆石体）中，在水力梯度较大时，达西定律不再适用，如图 2.9 所示，此时 $v = ki^m$（$m < 1$）；对于致密的黏性土，存在起始水力坡降 i_0，当 $i > i_0$ 时，$v = k(i - i_0)$。

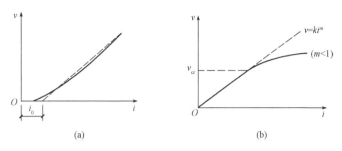

图 2.9　土的渗透系数与水力梯度的关系

（a）致密黏性土；（b）砾土

【**例 2.1**】 如图 2.10 所示，水由底部流经土样后从顶部溢出，土样的饱和重度为 19 kN/m³。在 a—a 及 c—c 处各引一测压管，现测得 c—c 处管内的水柱高 60 cm，试问 a—a 处的水柱高为多少？

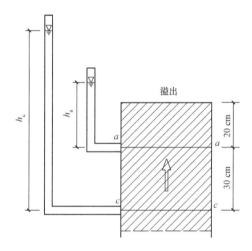

图 2.10　例 2.1 图

解：渗流过程中 $v_1 = v_2$，

$$ki_1 = ki_2$$

$$i_1 = i_2$$

$$\frac{\Delta H_1}{L_1} = \frac{\Delta H_2}{L_2}$$

$$\frac{60 - h_a}{30} = \frac{h_a}{20}$$

$$h_a = 24 \text{ cm}$$

2.2 渗透力与渗透变形

2.2.1 渗透力的概念

水在土中流动的过程中将受到土阻力的作用，使水头逐渐损失；同时，水的渗透将对土骨架产生拖曳力，导致土体中的应力发生变化与土体变形，这种渗透水流作用对土骨架产生的拖曳力称为渗透力。

在许多水工建筑物、土坝及基坑工程中，渗透力是影响工程安全的重要因素之一。实际工程中，也有过不少渗透变形（流土或管涌）的事例，严重的使工程施工中断，甚至危及邻近建筑物与设施的安全。因此，在进行工程设计与施工时，对渗透力可能给地基土稳定性带来的不良后果，应该给予足够的重视。

2.2.2 渗透力的计算

在一般情况下，渗透力的大小与计算点的位置有关。根据对渗流流网中网格单元的孔隙水压力和土粒间作用力分析，可以得出渗流时单位体积内土粒受到的单位渗透力

$$j = \gamma_w i$$

式中　γ_w——水的重度；

　　j——水力坡降。

2.2.3 渗透变形

土工建筑物及地基由于渗流作用而出现的变形或破坏称为渗透变形（或渗透破坏）。渗透变形是土工建筑物发生破坏的常见类型。渗透变形主要有两种形式，即流土与管涌。渗流水流将整个土体带走的现象称为流土，渗流中土体大颗粒之间的小颗粒被冲出的现象称为管涌。

1. 流土

流土是在向上的渗透作用下，表层局部范围内的土体或颗粒群同时发生悬浮、移动的现象。任何类型的土，只要水力坡降达到一定的程度，都可发生流土破坏现象，土体开始发生流土破坏时的水力坡降称为临界水力坡降，用 i_{cr} 表示，

$$i_{cr} = \frac{\gamma_w}{\gamma'}$$

式中　γ'——土的浮重度。

因为 $\gamma' = \dfrac{(G_s - 1)\ \gamma_w}{1 + e}$，所以 $i_{cr} = \dfrac{G_s - 1}{1 + e}$

2. 管涌

管涌是指在渗流作用下，一定级配的无黏性土中的细小颗粒，通过较大颗粒所形成的孔隙发生移动，最终在土中形成与地表贯通的管道的现象。管涌产生的原因有内因和外因。内因是有足够多的粗颗粒形成大于细粒直径的孔隙，外因是渗透力足够大。

2.3 二维渗流及流网

在实际工程中，经常遇到的是边界条件较为复杂的二维或三维问题，在这类渗流问题中，渗流场中各点的渗流速度与水力梯度等均是位置坐标的二维或三维函数。对此必须首先建立它们的渗流微分方程，然后结合渗流边界条件与初始条件求解。

工程中涉及渗流问题的常见构筑物有坝基、闸基及带挡墙（或板桩）的基坑等。这类构筑物有一个共同的特点是轴线长度远大于其横向尺寸，因而可以认为渗流仅发生在横断面内（严格地说，只有当轴向长度为无限长时才能成立）。因此，对这类问题只要研究任一横断面的渗流特性，也就掌握了整个渗流场的渗流情况。如取 xOz 平面与横断面重合，则渗流速度即点的位置坐标 x，z 的二元函数，这种渗流称为二维渗流或平面渗流。

在实际工程中，渗流问题的边界条件往往比较复杂，其严密的解析解一般都很难求得。因此，对渗流问题的求解除采用解析解法外，还可采用数值解法、图解法和模型试验法等，其中最常用的是图解法，即流网解法。

2.3.1 流网的绘制

1. 流网的绘制方法

流网的绘制方法大致有三种：第一种是解析法，即用解析的方法求出流速势函数及流函数，再令其函数等于一系列的常数，就可以描绘出一簇流线和等势线。第二种是实验法，常用的有水电比拟法。水电比拟法利用水流与电流在数学上和物理上的相似性，通过测绘相似几何边界电场中的等电位线，获取渗流的等势线与流线，再根据流网性质补绘出流网。第三种是近似作图法，也称手描法，是根据流网性质和确定的边界条件，用作图方法逐步近似画出流线和等势线。上述方法中，解析法虽然严密，但数学上求解还存在较大困难。实验法在操作上比较复杂，不易在工程中推广应用。目前常用的方法还是近似作图法，故下面主要对这一方法做一些介绍。

2. 近似作图的步骤

近似作图法的步骤大致为先按流动趋势画出流线，然后根据流网正交性画出等势线，形成流网。如发现所画的流网不呈曲边正方形，则需反复修改等势线和流线，直至满足要求。

图 2.11 所示为一带板桩的溢流坝，其流网可按如下步骤绘出：

（1）将建筑物及土层剖面按一定的比例绘出，并根据渗流区的边界确定边界线及边界等势线。

如图中的上游透水边界 AB 是一条等势线，其上各点水头高度均为 h_1，下游透水边界也是一条等势线，其上各点水头高度均为 h_2。坝基的地下轮廓线 B—1—2—3—4—5—6—7—8—C 为一条流线，渗流区边界 EF 为另一条边界流线。

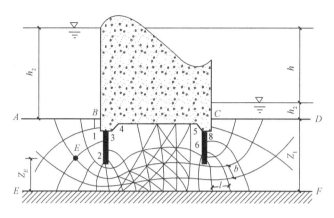

图 2.11　溢流坝的渗流流网

（2）根据流网特性初步绘出流网形态。可先按上下边界流线形态大致描绘几条流线，描绘时注意中间流线的形状。中间流线数量越多，流网越准确，但绘制与修改工作量也越大，中间流线的数量应视工程的重要性而定，一般可绘 3~4 条。流线绘好后，根据曲边正方形网格要求描绘等势线。绘制时应注意，等势线与上、下边界流线应保持垂直，并且等势线与流线都应是光滑的曲线。

（3）逐步修改流网。初绘的流网，可以加绘网格的对角线来检验其正确性。如果每一网格的对角线都正交且呈正方形，则流网是正确的，否则应做进一步修改。但是，由于边界通常是不规则的，在形状突变处很难保证网格为正方形，有时甚至成为三角形或五角形。对此，应从整个流网来分析，只要绝大多数网格满足流网特征，而个别网格不符合要求，对计算结果影响也不大。

流网的修改是一项细致的工作，改变一个网格常会带来整个流网图的变化。因此只有通过反复的实践演练，才能做到快速、正确地绘制流网。

2.3.2　流网的工程应用

1. 渗流速度计算

计算渗流区中某一网格内的渗流速度，可先从流网图中量出该网格的流线长度 l。根据流网的特性，在任意两条等势线之间的水头损失相等，设流网中的等势线的数量为 n（包括边界等势线），上下游总水头差为 h，则任意两等势线之间的水头差为

$$\Delta h = \frac{h}{n-1} \tag{2.5}$$

而所求网格内的渗流速度为

$$v = ki = k\frac{\Delta h}{l} = \frac{kh}{(n-1)\ l} \tag{2.6}$$

2. 渗流量计算

由于任意两相邻流线间的单位渗流量相等，设整个流网的流线数量为 m（包括边界流

线），则单位宽度内总的渗流量

$$q = （m-1）\Delta q$$

式中，Δq 为任意两相邻流线间的单位渗流量，q、Δq 的单位均为 $m^3/（d\cdot m）$。其值可根据某一网格的渗流速度及网格的过水断面宽度求得，设网格的过水断面宽度（即相邻两条流线的间距）为 b，网格的渗流速度为 v，则

$$\Delta q = vb = \frac{khb}{（n-1）l}$$

而单位宽度内的总渗流量

$$q = \frac{kh（m-1）b}{（n-1）l}$$

复习思考题

1. 何为达西定律？

2. 达西定律的适用条件是什么？

3. 常水头试验法测渗透系数的原理是什么？

4. 变水头试验法测渗透系数的原理是什么？

5. 渗流产生的条件是什么？

6. 影响渗透系数的因素有哪些？

7. 何为渗透力？其大小等于多少？方向如何？作用对象是什么？

8. 流土产生的条件是什么？如何防止流土产生？

9. 管涌产生的条件是什么？如何防止管涌产生？

10. 流网的作图原理是什么？

11. 应用流网可计算哪些参量？各自是如何计算的？

第 3 章

土中应力分析

3.1 应力表示方法及分类

3.1.1 一点应力状态的表示方法

计算土中应力，首先要了解力学分析中物体内一点应力的表示方法。

1. 应力张量表示法

在材料力学中，要表示空间中一点的应力，可以先建立空间直角坐标系，如图 3.1 所示。过该点取一无限小的立方体单元体。作用在单元体 6 个面上的应力分量为 3 个正应力分量 σ_x、σ_y、σ_z 和 6 个剪应力分量 τ_{xy}、τ_{yx}、τ_{xz}、τ_{zx}、τ_{zy}、τ_{yz}。为了和下面土体中的应力方向规定相同，这里也规定对于正应力以压为正，反之为负；剪应力的正负号规定是在与坐标轴一致的正面上，方向与坐标轴方向相反为正，反之为负。由单元体的力矩平衡方程可知 $\tau_{xy} = \tau_{yx}$，$\tau_{xz} = \tau_{zx}$，$\tau_{yz} = \tau_{zy}$。

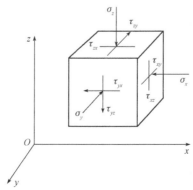

图 3.1 一点的应力状态

故单元体的应力状态可用6个应力分量表示，即该点的应力状态可用这6个应力分量表示。6个应力分量的大小不仅与受力状态有关，还与坐标轴的方向有关，这种随坐标轴的变换按一定规律变化的量称为应力张量，应力张量可以表示为 σ_{ij}（i，j 分别取 x，y）。

$$\sigma_{ij} = \begin{bmatrix} \sigma_{xx} & \sigma_{xy} & \sigma_{xz} \\ \sigma_{yx} & \sigma_{yy} & \sigma_{yz} \\ \sigma_{zx} & \sigma_{zy} & \sigma_{zz} \end{bmatrix} = \begin{bmatrix} \sigma_x & \tau_{xy} & \tau_{xz} \\ \tau_{yx} & \sigma_y & \tau_{yz} \\ \tau_{zx} & \tau_{zy} & \sigma_z \end{bmatrix} \tag{3.1}$$

应力张量 σ_{ij} 描绘了一点处的应力状态，即只要知道了一点的应力张量 σ_{ij}，就可以应用力的平衡方程确定通过该点的各微分面上的应力。

该种表示方法的前提是建立直角坐标系，若改变坐标系的方向，则应力分量也在改变。实际上一点的受力状态确定后，应力状态应是确定的，但由于表示方法的前提是建立直角坐标系，所以应力表达会出现随着坐标的变换而变化。这也是该种应力表示方法的缺点。

2. 应力球张量和应力偏张量的表示法

在一点的应力状态中，若取 σ_m 为平均法向应力，即

$$\sigma_m = \frac{1}{3}(\sigma_x + \sigma_y + \sigma_z) \tag{3.2}$$

则应力张量 σ_{ij} 可以写为

$$\sigma_{ij} = \begin{bmatrix} \sigma_x & \tau_{xy} & \tau_{xz} \\ \tau_{yx} & \sigma_y & \tau_{yz} \\ \tau_{zx} & \tau_{zy} & \sigma_z \end{bmatrix} = \begin{bmatrix} \sigma_m & 0 & 0 \\ 0 & \sigma_m & 0 \\ 0 & 0 & \sigma_m \end{bmatrix} + \begin{bmatrix} \sigma_x - \sigma_m & \tau_{xy} & \tau_{xz} \\ \tau_{yx} & \sigma_y - \sigma_m & \tau_{yz} \\ \tau_{zx} & \tau_{zy} & \sigma_z - \sigma_m \end{bmatrix}$$

其中，第一个张量称为应力球张量，第二个张量称为应力偏张量。

即应力球张量可以写成

$$\sigma_m \delta_{ij} = \begin{bmatrix} \sigma_m & 0 & 0 \\ 0 & \sigma_m & 0 \\ 0 & 0 & \sigma_m \end{bmatrix} \tag{3.3}$$

其中 $\delta_{ij} = \begin{cases} 1 & \text{当 } i = j \text{ 时} \\ 0 & \text{当 } i \neq j \text{ 时} \end{cases}$，称为克朗内克符号。

应力偏张量可以表示为

$$s_{ij} = \sigma_{ij} - \sigma_m \delta_{ij} = \begin{bmatrix} \sigma_x - \sigma_m & \tau_{xy} & \tau_{xz} \\ \tau_{yx} & \sigma_y - \sigma_m & \tau_{yz} \\ \tau_{zx} & \tau_{zy} & \sigma_z - \sigma_m \end{bmatrix} = \begin{bmatrix} s_x & s_{xy} & s_{xz} \\ s_{yx} & s_y & s_{yz} \\ s_{zx} & s_{zy} & s_z \end{bmatrix}$$

3. 应力不变量表示法

从上面的分析可以看出，代表一点应力状态的这个单元体，在其每个面上都有正应力与剪应力，若转变坐标轴的方向，则应力张量随之变化。如图3.1所示的单元体，可以转变坐

标轴的方向，使得每个面上只有正应力，没有剪应力，这样的三个面称为主平面，主平面上的正应力称为主应力。设主平面的方向余弦分别为 l、m、n，根据向量的运算，可以求出主应力和主应力方向，即

$$\sigma_x l + \tau_{xy} m + \tau_{xz} n = \sigma l$$

$$\tau_{yx} l + \sigma_y m + \tau_{yz} n = \sigma m \qquad (3.4)$$

$$\tau_{zx} l + \tau_{zy} m + \sigma_z n = \sigma n$$

把式（3.4）改写为

$$(\sigma_x - \sigma)\, l + \tau_{xy} m + \tau_{xz} n = 0$$

$$\tau_{yx} l + (\sigma_y - \sigma)\, m + \tau_{yz} n = 0 \qquad (3.5)$$

$$\tau_{zx} l + \tau_{zy} m + (\sigma_z - \sigma)\, n = 0$$

这三个联立的线性方程组对 l、m、n 是齐次的，要得到非零解，由克莱姆法则，系数行列式必须为零，即

$$\begin{vmatrix} (\sigma_x - \sigma) & \tau_{xy} & \tau_{xz} \\ \tau_{yx} & \sigma_y - \sigma & \tau_{yz} \\ \tau_{zx} & \tau_{zy} & \sigma_z - \sigma \end{vmatrix} = 0 \qquad (3.6)$$

展开上式得特征方程：

$$\sigma^3 - I_1 \sigma^2 + I_2 \sigma - I_3 = 0 \qquad (3.7)$$

此一元三次方程，三个根分别是三个主应力 σ_1、σ_2、σ_3。

式中：

$$I_1 = \sigma_x + \sigma_y + \sigma_z$$

$$I_2 = \sigma_x \sigma_y + \sigma_y \sigma_z + \sigma_z \sigma_x - \tau_{xy}^2 - \tau_{yz}^2 - \tau_{zx}^2$$

$$I_3 = \sigma_x \sigma_y \sigma_z + 2\tau_{xy} \tau_{yz} \tau_{zx} - \sigma_x \tau_{yz}^2 - \sigma_y \tau_{zx}^2 - \sigma_z \tau_{xy}^2$$

I_1、I_2、I_3 是这个一元三次方程的系数，根据方程根与系数的关系，可以求得

$$I_1 = \sigma_1 + \sigma_2 + \sigma_3$$

$$I_2 = \sigma_1 \sigma_2 + \sigma_2 \sigma_3 + \sigma_3 \sigma_1$$

$$I_3 = \sigma_1 \sigma_2 \sigma_3$$

上面的一元三次方程不论坐标系如何建立，导出的方程都是一样的，即方程的系数 I_1、I_2、I_3 是应力张量不变量，即坐标轴的转动不改变数值的大小。

（1）应力球张量不变量。应力球张量表示各向等值应力状态，即静水压力状态，把 $\sigma_1 = \sigma_2 = \sigma_3 = \sigma_m$ 代入公式，即得应力球张量不变量：

$$I_1 = 3\sigma_m = I_1$$

$$I_2 = 3\sigma_m^2 = \frac{1}{3}I_1^2$$

$$I_3 = 3\sigma_m^3 = \frac{1}{27}I_1^3$$

（2）应力偏张量不变量。应力偏张量不变量的求法，可以通过在公式中用应力偏张量 S_x、S_y、S_z 代替 σ_x、σ_y、σ_z，得

$$J_1 = (\sigma_x - \sigma_m) + (\sigma_y - \sigma_m) + (\sigma_z - \sigma_m) = 3S_m = 0$$

$$J_2 = (\sigma_x - \sigma_m)(\sigma_y - \sigma_m) + (\sigma_y - \sigma_m)(\sigma_z - \sigma_m) + (\sigma_z - \sigma_m)(\sigma_x - \sigma_m) - \tau_{xy}^2 - \tau_{yz}^2 - \tau_{zx}^2$$

$$J_3 = (\sigma_x - \sigma_m)(\sigma_y - \sigma_m)(\sigma_z - \sigma_m) 2\tau_{xy}\tau_{yz}\tau_{zx} - \sigma_x\tau_{yz}^2 - \sigma_y\tau_{zx}^2 - \sigma_z\tau_{xy}^2$$

用主应力表示：

$$J_1 = (\sigma_1 - \sigma_m) + (\sigma_2 - \sigma_m) + (\sigma_3 - \sigma_m) = 0$$

$$J_2 = \frac{1}{6}[(\sigma_1 - \sigma_2)^2 + (\sigma_2 - \sigma_3)^2 + (\sigma_3 - \sigma_1)^2]$$

$$J_3 = (\sigma_1 - \sigma_m)(\sigma_2 - \sigma_m)(\sigma_3 - \sigma_m)$$

3.1.2 应力的分类

1. 八面体应力

在主坐标系中，法线为 $n = (n_1, n_2, n_3) = \left|\frac{1}{\sqrt{3}}\right|(1, 1, 1)$ 的平面称为八面体平面，或者称为等倾面，法线与3个应力主轴的夹角的方向余弦为 $\cos\alpha = \frac{1}{3}$，所以 $\alpha = 54.74°$。由于具有上述特性的平面在所有象限内共有8个，它们构成了正八面体。

在此坐标系中取其中一个八面体面与坐标面形成的四面体作为分析体，则坐标面的法线方向为主应力方向，面上的应力则正好是主应力 σ_1、σ_2、σ_3，根据单元体的平衡条件，可以得到八面体面（等倾面）上的总应力 T_8 为

$$T_8^2 = (\sigma_1 n_1)^2 + (\sigma_2 n_2)^2 + (\sigma_3 n_3)^2 = \frac{1}{3}(\sigma_1^2 + \sigma_2^2 + \sigma_3^2)$$

在主坐标系中，也可以用向量表示为

$$T_8 = \left(\frac{1}{\sqrt{3}}\sigma_1, \frac{1}{\sqrt{3}}\sigma_2, \frac{1}{\sqrt{3}}\sigma_3\right)$$

总应力 T_8 的正应力分量 σ_8 是 T_8 在八面体上的投影，可得

$$\sigma_8 = \frac{1}{3}(\sigma_1 + \sigma_2 + \sigma_3) = \frac{1}{3}I_1$$

八面体面上的剪应力 τ_8 可由此求出：

$$\tau_8^2 = T_8^2 - \sigma_8^2$$

整理得

$$\tau_8 = \frac{1}{3}\sqrt{(\sigma_1 - \sigma_2)^2 + (\sigma_2 - \sigma_3)^2 + (\sigma_3 - \sigma_1)^2}$$

可知

$$\tau_8 = \sqrt{\frac{2}{3}J_2}$$

2. 应力空间与 π 平面上的应力

如果用 3 个主应力 σ_1、σ_2、σ_3 作为坐标轴，构成一个三维应力空间，则用此应力空间内的一个点 P (σ_1，σ_2，σ_3) 即可描述土中一点的应力状态。

（1）空间对角线（等倾线）。在主应力空间中，$\sigma_1 = \sigma_2 = \sigma_3 = \sigma_m$ 的应力状态为各向等压的球应力状态，其轨迹是通过原点并与各坐标轴有相同夹角的直线，这条直线称为空间对角线，也称为等倾线。

（2）π 平面。垂直于空间对角线的平面称为偏平面，过原点的偏平面称为 π 平面。

则偏平面方程：$\sigma_1 + \sigma_2 + \sigma_3 = \sqrt{3}\, r$；

π 平面方程：$\sigma_1 + \sigma_2 + \sigma_3 = 0$。

主应力空间内的一个点 P (σ_1，σ_2，σ_3)，可用矢量表示为 $\overrightarrow{OP}$，该矢量可以表示为空间对角线方向的投影 $\overrightarrow{OQ}$ 与 π 平面上的投影 $\overrightarrow{QP}$ 的和。把 $\overrightarrow{OQ}$ 称为 π 平面上的正应力分量 σ_π，把 $\overrightarrow{QP}$ 称为 π 平面上的剪应力分量 τ_π。

故 $\sigma_\pi = |\overrightarrow{OQ}| = \sigma_1 \dfrac{1}{\sqrt{3}} + \sigma_2 \dfrac{1}{\sqrt{3}} + \sigma_3 \dfrac{1}{\sqrt{3}} = \dfrac{\sqrt{3}}{3}(\sigma_1 + \sigma_2 + \sigma_3) = \sqrt{3}\,\sigma_m$

$$\tau_\pi^2 = |\overrightarrow{OP}|^2 = |\overrightarrow{OP}|^2 - |\overrightarrow{OQ}|^2$$

所以 $\tau_\pi = \dfrac{1}{\sqrt{3}}\sqrt{(\sigma_1 - \sigma_2)^2 + (\sigma_2 - \sigma_3)^2 + (\sigma_3 - \sigma_1)^2} = \sqrt{2J_2}$

逆着空间对角线从上向下看 π 平面，在 π 平面上出现了 3 个相互间夹角为 120° 的正的主轴 $O\sigma_1'$、$O\sigma_2'$、$O\sigma_3'$，它们是主应力空间 3 个垂直应力主轴的投影。空间对角线的方向余弦 $\cos\alpha = \dfrac{1}{\sqrt{3}}$，所以图中 π 平面与应力主轴夹角的方向余弦 $\cos\beta = \dfrac{\sqrt{2}}{\sqrt{3}}$，可得 π 平面上坐标轴与主应力空间坐标轴有以下关系：

$$\sigma_1' = \sigma_1 \cos\beta = \sqrt{\frac{2}{3}}\,\sigma_1$$

$$\sigma_2' = \sigma_2 \cos\beta = \sqrt{\frac{2}{3}}\,\sigma_2$$

$$\sigma_3' = \sigma_3 \cos\beta = \sqrt{\frac{2}{3}}\,\sigma_3$$

如果在 π 平面上取直角坐标系 $O'xy$，则 π 平面上应力 (σ_1'，σ_2'，σ_3') 在 x，y 轴上的

投影为

$$x = \sigma_1' - (\sigma_2' + \sigma_3') \cos 60° = \frac{1}{\sqrt{6}} (2\sigma_1 - \sigma_2 - \sigma_3)$$

$$y = (\sigma_2' - \sigma_3') \cos 30° = \frac{1}{\sqrt{2}} (\sigma_2 - \sigma_3)$$

如果在 π 平面上取极坐标 (r, θ)，则主应力空间中任意点 $P (\sigma_1, \sigma_2, \sigma_3)$ 在 π 平面上的投影为 $P' (\sigma_1', \sigma_2', \sigma_3')$，$P'$ 在 π 平面上的矢径 r 和应力洛德角 θ 分别为

$$r = \sqrt{x^2 + y^2} = \frac{1}{\sqrt{3}} \sqrt{(\sigma_1 - \sigma_2)^2 + (\sigma_2 - \sigma_3)^2 + (\sigma_3 - \sigma_1)^2} = \tau_\pi$$

$$\cos\theta = \frac{x}{r} = \frac{\sqrt{3}}{\sqrt{6}} \cdot \frac{2\sigma_1 - \sigma_2 - \sigma_3}{\sqrt{(\sigma_1 - \sigma_2)^2 + (\sigma_2 - \sigma_3)^2 + (\sigma_3 - \sigma_1)^2}}$$

设主应力参数 $b = \dfrac{\sigma_2 - \sigma_3}{\sigma_1 - \sigma_3}$，则对于常规三轴试验 $\sigma_2 = \sigma_3$ 的三轴压缩状态，$b = 0$，$\theta = 0°$；对于 $\sigma_2 = \sigma_1$ 的三轴伸长状态，$b = 1$，$\theta = 60°$。因此，b，θ 的范围为

$$0 \leqslant b \leqslant 1, \quad 0° \leqslant \theta \leqslant 60°$$

3. 平均正应力与广义剪应力

定义平均正应力为 3 个主应力的平均值，用 p 表示，则

$$p = \frac{\sigma_1 + \sigma_2 + \sigma_3}{3}$$

广义剪应力为

$$q = \frac{1}{\sqrt{2}} \sqrt{(\sigma_1 - \sigma_2)^2 + (\sigma_2 - \sigma_3)^2 + (\sigma_3 - \sigma_1)^2}$$

3.2　土中应力计算

地基土体往往是一个半无限大的土体，所以分析地基土体的应力时应以具有半无限大水平面、向下无限延伸的土体作为分析对象，如图 3.2 和图 3.3 所示。土体在 y 的正负方向均无限延伸，在 x 的正负方向也是无限延伸，即 xOy 平面是一个无限大水平面。此时若上面没有建筑物的作用，则称为自重应力状态。若上面有建筑物或构筑物载荷作用，则称为附加应力状态。

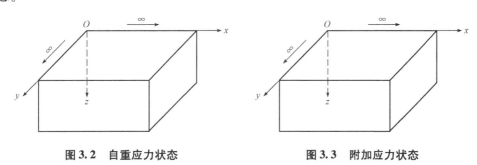

図 3.2　自重应力状态　　　　　　　　図 3.3　附加应力状态

3.2.1　自重应力状态下土中应力计算

1. 自重应力状态下土中应力特点

如图 3.4 所示，建立直角坐标系 xOy，地表 O 点为坐标原点。设在自重应力状态下，距地表深度 z 的一点为 M，分析其应力。在 M 点取微小正六面体单元体，则 M 点的应力可用微单元体 6 个面上作用的 9 个应力分量 σ_x、σ_y、σ_z、τ_{xy}、τ_{yx}、τ_{xz}、τ_{zx}、τ_{zy}、τ_{yz} 表示，其中 $\tau_{xy}=\tau_{yx}$，$\tau_{xz}=\tau_{zx}$，$\tau_{yz}=\tau_{zy}$。

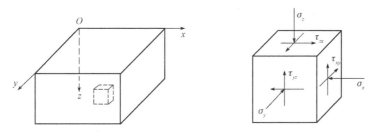

図 3.4　M 点微单元体

由于是半无限大土体，所以微单元体平行于 yOz 面、xOz 面的侧面均可以看作土体中的一个对称面，根据对称面上反对称力为零以及剪应力互等的原理，故 $\tau_{xy}=\tau_{yx}=0$，$\tau_{xz}=\tau_{zx}=0$，$\tau_{yz}=\tau_{zy}=0$，所以侧面（竖直面）及水平面均是主应力面，即 $\sigma_x=\sigma_2$，$\sigma_y=\sigma_3$，

$\sigma_z = \sigma_1$。

另因 xOy 面是无限大水平面，所以 $\sigma_2 = \sigma_3$。

综上所述，在自重应力状态下，地面下任意一点 M 的应力可以表示为 $\sigma_x = \sigma_2$，$\sigma_y = \sigma_3$，$\sigma_z = \sigma_1$，水平面及竖直面为主应力面，且 $\sigma_2 = \sigma_3$。

2. 自重应力状态下土中应力计算

M 点水平面上的应力 $\sigma_z = \sigma_1$，称为竖向自重应力，一般用 σ_{cz} 表示；竖直面上的应力 $\sigma_x = \sigma_2$、$\sigma_y = \sigma_c$ 称为侧向自重应力，一般用 σ_{cx} 表示。

由于土体中无剪应力存在，故地基中（M 点）z 深度处的竖向自重应力等于单位面积上的土柱重量，其中

匀质地基：$\sigma_{cz} = \sigma_1 = \gamma_z$

成层地基：$\sigma_{cz} = \sigma_1 = \sum \gamma_i h_i$

式中　γ——土的重度（kN/m^3）；

　　　z——M 点距地表的深度；

　　　h_i——M 点上各土层的厚度。

在半无限体中，土体不发生侧向变形。任意点水平向侧向应力可用下式计算：

$$\sigma_{cx} = \sigma_x = \sigma_y = \sigma_3 = \sigma_2 = K_0 \sigma_{cz}$$

式中　K_0——静止侧压力系数，一般由试验确定，其与土层的应力历史和土的类型等因素有关。

【例 3.1】图 3.5 所示为一地基剖面图，试绘出土的自重应力分布图。

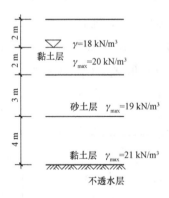

图 3.5　例 3.1 图

解：如图 3.6 所示，将各层标注为 a、b、c、d、e，则

$$\sigma_{cza} = 0$$

$$\sigma_{czb} = 18 \times 2 = 36 \text{（kPa）}$$

$$\sigma_{czc} = 18 \times 2 + 10 \times 2 = 56 \text{（kPa）}$$

$$\sigma_{czd} = 18 \times 2 + 10 \times 2 + 9 \times 3 = 83 \text{（kPa）}$$

$$\sigma_{cze} = 18 \times 2 + 10 \times 2 + 9 \times 3 + 11 \times 4 = 127 \ (\text{kPa})$$

$$\sigma'_{cze} = 18 \times 2 + 10 \times 2 + 9 \times 3 + 11 \times 4 + 10 \times 9 = 217 \ (\text{kPa})$$

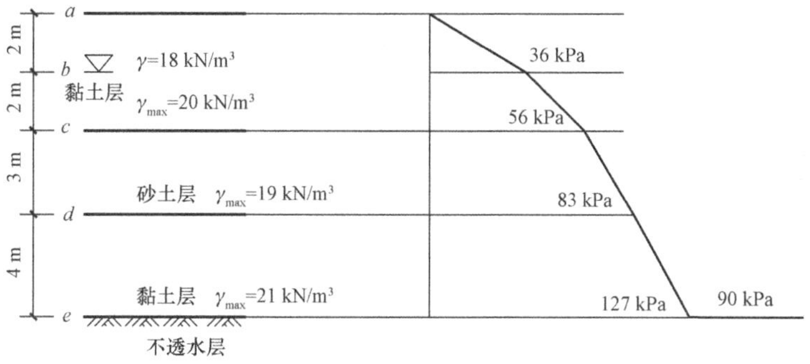

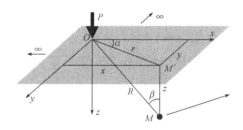

图 3.6 沿深度的自重应力分布图

3.2.2 附加应力状态下土中应力分析

在半无限体表面作用载荷时，在地基土中任意深度处均产生附加的应力，称为附加应力。所以附加应力状态与载荷的作用方式（包括载荷作用大小、作用方向、作用面积等）有关，要精确地计算，较为复杂。目前的计算方法是采用布辛内斯克课题的理论解然后结合叠加原理提出来的。

1. 布辛内斯克课题——集中载荷作用下的附加应力计算

布辛内斯克课题是研究在半无限大水平面上作用一集中载荷，计算在集中载荷作用下，地基中任意点应力状态，如图 3.7 所示。

图 3.7 布辛内斯克课题

在集中力作用点建立直角坐标系，在地表下任意点 M 的坐标为 (x, y, z)，M 点与坐标原点的距离为 R，M 点在地表的投影为 M'，M' 距坐标原点的距离为 r。

法国数学家布辛内斯克（J. Boussinesq）于 1885 年推出了该问题的理论解，M 点包括 6 个应力分量和 3 个方向位移的表达式如下。

$$\sigma_x = \frac{3P}{2\pi}\left[\frac{x^2 z}{R^5} + \frac{1-2\mu}{3}\left(\frac{R^2 - Rz - z^2}{R^3(R+z)} - \frac{x^2(2R+z)}{R^3(R+z)^2}\right)\right]$$

$$\sigma_y = \frac{3P}{2\pi}\left[\frac{y^2 z}{R^5} + \frac{1-2\mu}{3}\left(\frac{R^2 - Rz - z^2}{R^3(R+z)}\right) - \frac{y^2(2R+z)}{R^3(R+z)^2}\right]$$

$$\sigma_z = \frac{3Pz^3}{2\pi R^5} = \frac{3P}{2\pi R^2}(\cos\theta)^3$$

$$\tau_{xy} = \tau_{yx} = \frac{3P}{2\pi}\left[\frac{xyz}{R^5} - \frac{1-2\mu}{3}\cdot\frac{xy\ (2R+z)}{R^3\ (R+z)^2}\right]$$

$$\tau_{yz} = \tau_{zy} = -\frac{3P}{2\pi}\cdot\frac{yz^2}{R^5} = -\frac{3Py}{2\pi R^3}(\cos\theta)^2$$

$$\tau_{xz} = \tau_{zx} = -\frac{3P}{2\pi}\cdot\frac{xz^2}{R^5} = -\frac{3Px}{2\pi R^3}(\cos\theta)^2$$

$$u = \frac{P\ (1+\mu)}{2\pi E}\left[\frac{xz}{R^3} - (1-2\mu)\ \frac{x}{R\ (R+z)}\right]$$

$$v = \frac{P\ (1+\mu)}{2\pi E}\left[\frac{yz}{R^3} - (1-2\mu)\ \frac{y}{R\ (R+z)}\right]$$

$$w = \frac{P\ (1+\mu)}{2\pi E}\left[\frac{z^2}{R^3} - 2\ (1-\mu)\ \frac{1}{R}\right]$$

集中载荷在地基中引起的附加应力中，竖向附加应力 σ_z 常常是工程师关注的对象。

$$\sigma_z = \frac{3P}{2\pi}\cdot\frac{z^3}{R^5} = \frac{3P}{2\pi R^2}(\cos\theta)^3 = K\cdot\frac{P}{z^2}$$

式中　K——集中载荷作用下的竖向附加应力系数。

2. 分布载荷作用时的土中附加应力计算

对实际工程中普遍存在的分布载荷作用时的土中附加应力计算，通常可采用如下方法：当基础底面的形状或基底下的载荷分布不规则时，可以把分布载荷分割为许多集中力，然后用布辛内斯克公式和叠加原理计算；当基础底面的形状及分布载荷都有规律时，则可以通过积分求解得。

如图 3.8 所示，在半无限土体表面作用一分布载荷 $p\ (x,\ y)$，为了计算土中某点 M $(x,\ y,\ z)$ 的竖向正应力 σ_z，可以在基底范围

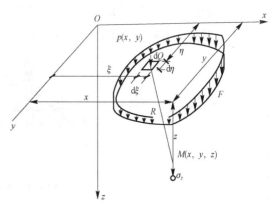

图 3.8　分布载荷作用下土中应力计算

内取单元面积 $\mathrm{d}F = \mathrm{d}\xi\mathrm{d}\eta$，作用在单元面积上的分布载荷可以用集中力 $\mathrm{d}Q$ 表示，$\mathrm{d}Q = p\ (x, y)\ \mathrm{d}\xi\mathrm{d}\eta$。这时土中 M 点的竖向正应力 σ_z 可用式（3.8）在基底面积范围内积分求得，即

$$\sigma_z = \iint_F \mathrm{d}\sigma_z = \frac{3z^3}{2\pi}\iint_F\frac{\mathrm{d}Q}{R^5} = \frac{3\ z^3}{2\pi}\iint_F\frac{p(x,y)\mathrm{d}\xi\mathrm{d}\eta}{\left[(x-\xi)^2 + (y-\eta)^2 + z^2\right]^{5/2}}$$

当已知载荷、分布面积及计算点位置等条件时，可通过求解上式获得土中应力值。

（1）圆形面积上作用均布载荷时土中竖向正应力计算。为了计算圆形面积上作用均布载荷 p 时土中任一点 M（r，z）的竖向正应力，可采用原点设在圆心 O 的极坐标（图 3.9），由公式（3.8）在圆面积范围内积分求得

$$\sigma_z = \frac{3pz^3}{2\pi} \int_0^{2\pi} \int_0^R \frac{\rho \mathrm{d}\varphi \mathrm{d}\rho}{(\rho^2 + r^2 - 2\rho r \cos^2 \varphi + z^2)^{5/2}} \tag{3.8}$$

上式可表达成简化形式：

$$\sigma_z = \alpha_c p \tag{3.9}$$

式中　R——圆面积的半径（m）；

　　　r——应力计算点 M 到 z 轴的水平距离（m）；

　　　α_c——应力系数，它是 r/R 及 z/R 的函数，当计算点位于圆形中心点下方时，其

　　　　值 $\alpha_c = 1 - \dfrac{1}{\left(\dfrac{R^2}{z^2} + 1\right)^{3/2}}$，也可将此应力系数制成表格形式查用。

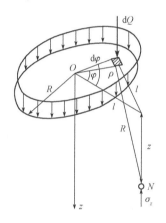

图 3.9　圆形面积均布载荷作用下土中应力计算

（2）矩形面积上作用均布载荷时土中竖向应力计算。

①矩形面积中点 O 下土中竖向应力计算。图 3.10 表示在地基表面作用一分布于矩形面积（$l \times b$）上的均布载荷 p，计算矩形面积中点下深度 z 处 M 点的竖向应力 σ_z，可利用式（3.10）解得

$$\sigma_z = \frac{3}{2\pi} z^3 \int_{-\frac{l}{2}}^{\frac{l}{2}} \int_{-\frac{b}{2}}^{\frac{b}{2}} \frac{\mathrm{d}\eta \mathrm{d}\xi}{\left(\sqrt{\xi^2 + \eta^2 + z^2}\right)^5} = \alpha_0 p \tag{3.10}$$

式中，应力系数 α_0 是 $n = l/b$ 和 $m = z/b$ 的函数，即

$$\alpha_0 = \frac{2}{\pi} \left[\frac{2mn\ (1 + n^2 + 8m^2)}{\sqrt{1 + n^2 + 4m^2}\ (1 + 4m^2)\ (n^2 + 4m^2)} + \arctan \frac{n}{2m\ \sqrt{1 + n^2 + 4m^2}} \right]$$

②矩形面积角点下土中竖向应力计算。在图 3.10 所示均布载荷作用下，计算矩形面积角点 c 下深度 z 处 N 点的竖向应力 σ_z 时，同样可将其表示成如下形式：

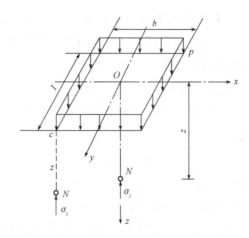

图 3.10   矩形面积均布载荷作用下土中应力计算

$$\sigma_z = \alpha_a p \tag{3.11}$$

式中应力系数

$$\alpha_a = \frac{1}{2\pi}\left[\frac{mn\ (1+n^2+2\ m^2)}{\sqrt{1+m^2+n^2}\ (m^2+n^2)\ (1+m^2)} + \arctan\frac{n}{m\ \sqrt{1+n^2+m^2}}\right]$$

它是 $n = l/b$ 和 $m = z/b$ 的函数，可由公式计算或由相应表格查得。

③矩形面积上作用均布载荷时土中任意点的竖向应力计算。在矩形面积上作用均布载荷时，若要求计算非角点下的土中竖向应力，可先将矩形面积按计算点位置分成若干小矩形，如图 3.11 所示。在计算出小矩形面积角点下土中竖向应力后，再采用叠加原理求出计算点的竖向应力 s_z。这种计算方法一般称为角点法。

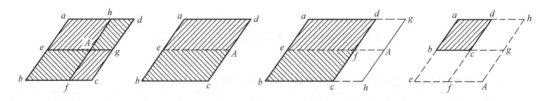

图 3.11   利用角点法计算土中任意点的竖向应力

（3）矩形面积上作用三角形分布载荷时土中竖向应力计算。当地基表面矩形面积（$l \times b$）作用三角形分布载荷时，为计算载荷为零的角点下的竖向应力值 σ_{z1}，可将坐标原点取在载荷为零的角点上，相应的竖向应力值 σ_z 可用下式计算：

$$\sigma_z = \alpha_t p \tag{3.12}$$

式中，应力系数 α_t 是 $n = l/b$ 和 $m = z/b$ 的函数，即

$$\alpha_t = \frac{mn}{2\pi}\left[\frac{1}{\sqrt{m^2+n^2}} - \frac{m^2}{(1+m^2)\ \sqrt{1+n^2+m^2}}\right]$$

其值也可由相应的应力系数表查得。

注意：这里 b 不是指基础的宽度，而是指三角形载荷分布方向的基础边长，如图 3.12 所示。

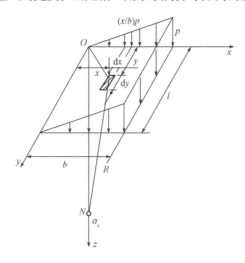

图 3.12 矩形面积上作用三角形分布载荷下土中竖向应力计算

（4）均布条形上作用分布载荷土中应力计算。均布条形上作用分布载荷土中应力计算属于平面应变问题，对路堤、堤坝以及长宽比 $l/b \geq 10$ 的条形基础，均可视作平面应变问题进行处理。

如图 3.13 所示，在土体表面分布宽度为 b 的均布条形上作用分布载荷 p 时，土中任一点的竖向应力 s_z 可采用弹性理论中的弗拉曼（Flamant）公式在载荷分布宽度范围内积分得到

$$\sigma_z = \alpha_u p \tag{3.13}$$

式中，应力系数 α_u 是 $n = x/b$ 及 $m = z/b$ 的函数，即

$$\alpha_u = \frac{p}{\pi} \left[\left(\arctan \frac{1 - 2n'}{2m} + \arctan \frac{1 + 2n'}{2m} \right) - \frac{4m\,(4n'^2 - 4m^2 - 1)}{(4n'^2 + 4m^2 - 1)^2 + 16m^2} \right]$$

应力系数 α_u 也可由相应的应力系数表查得。

注意：此时坐标轴的原点是在均布载荷的中点处。

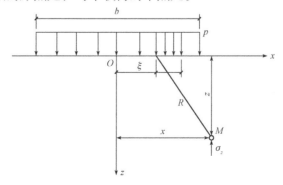

图 3.13 均布条形上作用分布载荷土中应力计算

均布条形上作用分布载荷土中应力计算可以采用极坐标形式，也可以根据材料力学理论求出土中任一点的主应力。

土中任一点的最大、最小主应力 σ_1 和 σ_3 可根据材料力学中由主应力与正应力及剪应力间的关系导出：

$$\left.\begin{array}{c}\sigma_1\\\sigma_3\end{array}\right\}=\frac{\sigma_x+\sigma_z}{2}\pm\sqrt{\frac{(\sigma_x-\sigma_y)^2}{2}+\tau_{xy}^2}$$

$$\tan 2\theta=\frac{2\tau_{xz}}{\sigma_z-\sigma_x}$$

式中　θ——最大主应力的作用方向与竖直线间的夹角。

将 M 点的应力表达式代入上式，即得到土中任一点的最大、最小主应力：

$$\left.\begin{array}{c}\sigma_1\\\sigma_3\end{array}\right\}=\frac{p}{\pi}\left[(\beta_1-\beta_2)\pm\sin(\beta_1-\beta_2)\right]$$

式中　β_1、β_2——计算点到载荷宽度边缘的两条连线与垂直方向间的夹角。

3.3　基底压力

计算附加应力时假定外载荷为 P，它或者是矩形分布载荷，或者是条形分布载荷等。此载荷即建筑物载荷通过基础传递给地基的压力，称基底压力，又称地基反力。

基底地基反力的分布规律主要取决于基础的刚度和地基的变形条件。对于柔性基础，地基反力分布与上部载荷分布基本相同，而基底的沉降分布则是中央大而边缘小，如由土筑成的路堤，其自重引起的地基反力分布与路堤断面形状相同，如图 3.14 所示。对于刚性基础（如箱形基础或高炉基础等），在外载荷作用下，基底基本保持平面，即基础各点的沉降几乎是相同的，但基底的地基反力分布则不同于上部载荷的分布情况。刚性基础在中心载荷作用下，开始的地基反力呈马鞍形分布；载荷较大时，边缘地基土产生塑性变形，边缘地基反力不再增加，使地基反力重新分布而呈抛物线形分布；若外载荷继续增大，则地基反力会继续发展呈钟形分布，如图 3.15 所示。

(a)　　　　　　　　　　　　　　　　　(b)

图 3.14　柔性基础下地基反力分布

（a）理想柔性基础；（b）路堤下地基反力分布

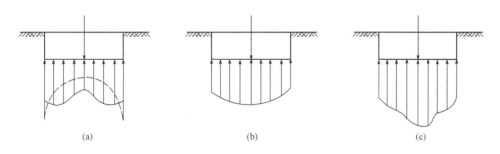

(a)　　　　　　　　　(b)　　　　　　　　　(c)

图 3.15　刚性基础下地基反力分布

（a）马鞍形；（b）抛物线形；（c）钟形

在实际应用中，通常将地基反力假设为线性分布情况，按下列公式进行简化计算：

地基平均反力

$$\bar{p} = \frac{F+G}{A}$$ 　　　　　　　　　　　　　　(3.14)

地基边缘最大与最小反力

$$p_{\min}^{\max} = \frac{F+G}{A} \pm \frac{M}{W}$$ (3.15)

式中　F——作用在基础顶面通过基底形心的竖向载荷（kN）；

G——基础及其台阶上填土的总重（kN），$G = \gamma_G A d$，其中 γ_G 为基础和填土的平均重度，一般取 $\gamma_G = 20\ \text{kN/m}^3$，地下水位以下取有效重度，$d$ 为基础埋置深度；

M——作用在基础底面的力矩，$M = (F+G)\,e$，e 为偏心距；

W——基础底面的抗弯截面模量，即

$$W = \frac{bl^2}{6}$$

式中　l、b——基底平面的长边与短边尺寸。

将 W 的表达式代入式（3.15），得

$$p_{\min}^{\max} = \frac{(F+G)}{lb}\left(1 + \frac{6e}{l}\right)$$ (3.16)

（1）当 $e < l/6$ 时，基底地基反力呈梯形分布，$p_{\min} > 0$。

（2）当 $e = l/6$ 时，基底地基反力呈三角形分布，$p_{\min} = 0$。

（3）当 $e > 1/6$ 时，载荷作用点在截面核心外，$p_{\min} < 0$；基底地基反力出现拉力。

由于地基土不可能承受拉力，此时基底与地基土局部脱开，使基底地基反力重新分布。根据偏心载荷与基底地基反力的平衡条件，基底地基反力的合力作用线应与偏心载荷作用线重合，基底边缘最大地基反力

$$p_{\max}' = \frac{2N}{3\left(\dfrac{l}{2} - e\right)b}$$

基底地基反力在偏心距不同时的分布如图 3.16 所示。

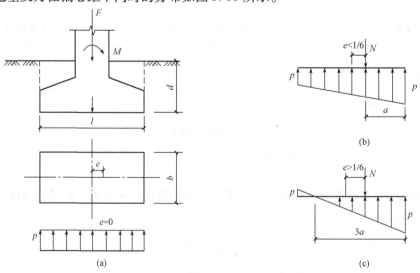

图 3.16　基底地基反力分布的简化计算

（a）中心载荷时；（b）偏心载荷 $e < 1/6$ 时；（c）偏心载荷 $e > 1/6$ 时

【例 3.2】 某基础底面尺寸为 4 m × 4 m，作用在基础底面的中心载荷 $F = 4\ 000$ kN，$M = 2\ 800$ kN·m。

（1）计算偏心距；

（2）计算基底地基反力。

解：（1）$e = \dfrac{M}{F} = \dfrac{2\ 800}{4\ 000} = 0.7$（m）

（2）$p = \dfrac{F}{A}\left(1 \pm \dfrac{6e}{b}\right) = \dfrac{4\ 000}{4 \times 4} \times \left(1 \pm \dfrac{6 \times 0.7}{4}\right)$

$p_{min} = 250 \times (1 - 1.05) < 0$，所以基底地基反力重分布。

$p_{max} = \dfrac{2F}{3kl} = \dfrac{2 \times 4\ 000}{3 \times \left(\dfrac{4}{2} - 0.7\right) \times 4} = 512.82$（kPa）

分布距离 $3k = 3 \times 1.3 = 3.9$（m）。

3.4 土的应力应变特性

土的应力应变特性关乎地基的沉降、挡土墙的微小运动所引起的土压力的变化等工程问题。由于土是碎散的颗粒堆积物，所以土的应力应变特性比钢材或其他人工材料复杂。土的主要应力应变特性有非线性、弹塑性、剪胀性等，土的应力应变特性通常可以在实验室采用三轴试验来研究。

3.4.1 土应力应变关系的非线性

由于土是碎散的堆积物，故土的宏观变形主要不是由于土颗粒本身变形，而是颗粒间位置的变化引起的，所以在不同的应力水平下由相同应力增量而引起的应变增量就不会相同，即表现出非线性。

图 3.17 表示的是常规三轴试验的一般结果。从图中可以看出松砂和正常固结黏性土的应力随应变的增加而增加，但增速越来越慢，最后趋于稳定，而密砂和超固结土的试验曲线是应力一开始随应变增加而增加，达到峰值后，随应变的增加而下降，最后也趋于稳定。在塑性理论中，前者称为应变硬化，后者称为应变软化。

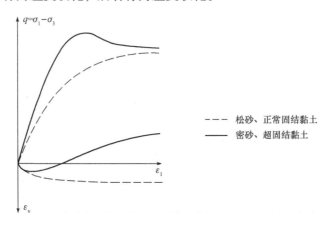

图 3.17 偏差应力与轴向应变关系曲线

3.4.2 土体变形的弹塑性

在加载后卸载到原应力状态时，土一般不会恢复到原来的应变状态，其中一部分应变是可恢复的弹性应变，另一部分应变是不可恢复的塑性应变，并且后者往往占很大的比例。

$$\varepsilon = \varepsilon^e + \varepsilon^p$$

式中　ε^e——弹性应变；

　　　ε^p——塑性应变。

图 3.18 所示的是一种均匀砂土（承德中密砂）的三轴试验，虚线表示单调加载试验曲线，实线表示循环加载试验曲线。可见每一次应力循环都有可恢复的弹性应变和不可恢复的塑性应变。

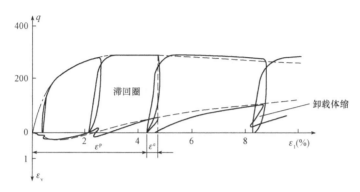

图 3.18　承德中密砂单调加载试验及循环加载试验曲线

3.4.3　土的剪胀性

从图 3.17 中可以发现，在三轴试验中，对于密砂和超固结黏性土，偏差应力的增加引起轴向应变的增加，但除开始时试样有少量体积压缩外，随后还发生了明显的体积膨胀。由于在三轴压缩试验中，平均主应力增量在加载过程中总是正的，所以体积的增加不可能是弹性回弹，因而只能是由剪应力引起的，这种由剪应力引起的体积变化称为剪胀性。

广义的剪胀性指剪切引起的体积变化，包括剪胀和剪缩。其实质是由剪应力引起土颗粒位置和排列的变化，而使颗粒间的孔隙增大或减小，发生体积变化。

3.4.4　三轴试验

三轴压缩试验装置如图 3.19 所示。它可以完整地反映试样受力变形直到破坏的全过程。另外，它还可以模拟不同工况，进行一些不同应力路径的试验，也可以很好地控制排水条件。

试验中，土试样是一圆柱体，套在橡胶膜内，置于密封的压力室中，土样三向受压，并使围压在整个试验过程中保持不变，这时试件内各向的三个主应力相等，因此不产生剪应力，然后通过上部传力杆对试件施加竖向压力，这样，当压力及其组合达到一定程度时，土样就会按规律产生一个斜向破裂面或沿弱面破裂。

三轴试验过程中土体应力状态是轴对称应力状态，垂直应力 σ_z 一般是大主应力，并且侧向应力总是相等，$\sigma_x = \sigma_y$，且分别为中、小主应力 σ_2、σ_3。

三轴试验分为两个过程，第一个过程给试样施加围压，试样的应力状态为 $\sigma_1 = \sigma_2 = \sigma_3$，这个过程称作固结，然后施加应力差 $\Delta\sigma_1 = \sigma_1 - \sigma_3$，这个过程称作剪切。

按土样三向受压的大小组合关系，三轴试验可分为常规三轴和真三轴试验。常规三轴

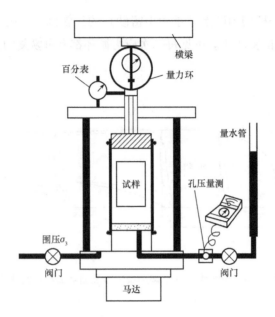

图 3.19　三轴压缩试验装置

试验又可分为常规三轴压缩试验（$\sigma_1 > \sigma_2 = \sigma_3$）和三轴挤长试验（$\sigma_1 < \sigma_2 = \sigma_3$）；所谓真三轴试验，是指 $\sigma_1 > \sigma_2 > \sigma_3$ 的受压情况。土力学中通常进行常规三轴压缩试验。

三轴试验结果通常绘制成偏应力差（$\sigma_1 - \sigma_3$）与轴向应变 ε_1 的关系曲线以及体积变形 ε_v 与轴向变形 ε_1 的关系曲线，如图 3.20 所示。

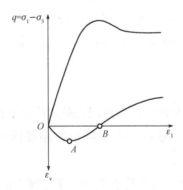

图 3.20　偏应力差（$\sigma_1 - \sigma_3$）与轴向应变 ε_1 的关系曲线

3.5　饱和土的有效应力原理

如图 3.21 所示，试验装置可以表示出置于容器底部的无黏性土层的一个截面。在试验开始时，假设自由水面刚好与土面一致，同时假设土层很薄，这样可以略去水平截面 ab 以上的水和土的重力所产生的应力。如果使水位上升至较原来水位高出 h_w 的高程处，则 ab 截面上的法向应力将从零增至 σ，则

$$\sigma = h_w \gamma_w$$

式中，γ_w 是水的重度。在土内每一水平面上都增加了 σ 的压应力增量，却并没有引起土层有可觉察的压缩。另外，如果用铅丸放在土层表面上，让土层的压力也增加到同一数量 $h_w \gamma_w$，则产生的压缩是很可观的。从试验过程中可以看到，容器中水位的高低对土的强度变形并不起作用。

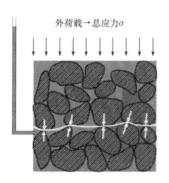

图 3.21　表现有效应力与孔隙水压力的试验装置

通过试验可以得出如下结论：土体是由土骨架、孔隙流体（水和气）三相构成的碎散材料，受外力作用后，总应力由土骨架和孔隙流体共同承受。对饱和土体来讲，总应力增量由孔隙水和土颗粒承担，土颗粒承担的部分称作有效应力，用 σ' 表示，孔隙水承担的压力称作孔隙水压力，用 u 表示。

$$\sigma = \sigma' + u$$

上式即为饱和土体的有效应力原理。

有效应力原理的形式很简单，却具有重要的工程应用价值。如上所述，土的变形和强度只随着有效应力而变化，因此，只有通过有效应力分析，才能准确地确定土工建筑物或建筑地基的变形与安全度。

复习思考题

1. 一点应力状态的表示方法有哪些？

2. 何为 π 平面？π 平面上的应力与八面体应力有何区别？

3. 何为应力不变量？应力不变量有哪些？

4. 何为等倾线？等倾线上的点有何特点？

5. 何为应力空间？

6. 何为自重应力？何为自重应力状态？

7. 何为附加应力？附加应力状态与自重应力状态的区别有哪些？

8. 附加应力的计算思路有哪些？

9. 何为基底压力？简述其与附加应力的关系及区别。

10. 影响基底压力的因素有哪些？

11. 简述基底压力的计算方法

12. 何为偏差应力？

13. 土的应变特点有哪些？

14. 如何理解土的剪胀性？

第4章

土的压缩性

4.1　土的压缩特性

土在压力作用下体积缩小的特性称为土的压缩性。土的压缩通常有三部分：①固体土颗粒被压缩；②土中水及封闭气体被压缩；③水和气体从孔隙中被挤出。试验研究表明，固体土颗粒和水的压缩量是微不足道的，在一般的压力（100~600 kPa）下，土颗粒和水的压缩量都可以忽略不计，故土的压缩主要是孔隙中一部分水和空气被挤出，封闭气泡被压缩。与此同时，土颗粒相应发生移动，重新排列，从而使孔隙体积减小。对于饱和土来说，其压缩主要是孔隙水的排出，这个过程也称作固结。

不同土体的压缩性有很大的差别，其主要影响因素包括粒径级配、土的矿物成分、结构构造等本身的土性，还与环境因素有关，如应力历史、应力路径等。为了评价土体的压缩性，通常可以采用室内压缩试验和现场载荷试验来确定。

4.2　侧限压缩试验

侧限压缩试验，也称固结试验，其试样处于侧限应力状态。侧限压缩试验是目前最常用的测定土的压缩性参数的室内试验方法。其试验装置如图4.1所示。

土试样放置于刚性护环内，上下设置透水石，上部加压，土样则产生竖直向下的变形，即压缩变形，由于刚性护环的侧向限制作用，土样不产生侧向变形，故称作侧限压缩试验。

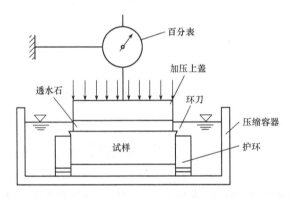

图 4.1　侧限压缩试验装置

试验时施加载荷，静置至变形稳定，用百分表记录变形量，然后逐级加大载荷，记录变形，则得到各级载荷 p 与竖向压缩变形量 ΔH 的关系。在压缩过程中，随着压缩变形的发展，土样孔隙比在变化，设土样的初始高度为 H_0，在载荷 p 作用下土样稳定后的总压缩量为 ΔH，假设土粒体积 $V_s = 1$（不变），根据土的孔隙比的定义，则受压前后土孔隙体积 V_v 分别为 e_0 和 e，根据载荷作用下土样压缩稳定后总压缩量 ΔH，可得到相应的孔隙比 e 的计算公式（因为受压前后土粒体积不变，土样横截面面积不变，所以试验前后试样中固体颗粒所占的高度不变）：

$$\frac{H_0}{1+e_0} = \frac{H_0 - \Delta H}{1+e}$$

于是得到

$$e = e_0 - \frac{\Delta H}{H_0}(1+e_0)$$

式中　e_0——初始孔隙比，即

$$e_0 = \frac{\rho_s(1+w_0)}{\rho_0} - 1$$

式中　ρ_s、ρ_0、w_0——土粒密度、土样的初始密度和土样的初始含水量，它们可根据室内试验测定。

这样即可以得到每级载荷 p 与其对应的孔隙比 e。将对应的载荷与孔隙比绘制成 e—p 曲线，即土样的侧限压缩试验曲线，如图 4.2 所示。从曲线中可以看出，随着载荷的增加，产生了压缩变形，孔隙比减小。

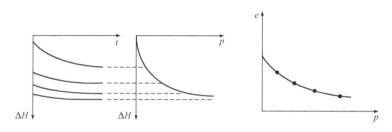

图 4.2　侧限压缩试验曲线

不同的土体，压缩曲线的形状不同。曲线越陡，代表土样的压缩性越大；曲线越缓，土样压缩性越小。不同的土质，其变形规律也是不同的。通常砂土的 e—p 曲线平缓，而软黏性土 e—p 曲线较陡。压缩曲线的形状可以形象地说明土的压缩性的大小。另外，由图 4.2 可以看出，压缩曲线一般随压力的增大而逐渐趋于平缓，即在侧限条件下土的压缩性逐渐减小。

4.3 土的侧限压缩试验指标

在侧限压缩试验中，只有竖向变形，没有侧向变形，所以侧限压缩试验曲线可以很好地表征土样在载荷作用下竖向压缩的特性。为了定性地表征土样的压缩性，在侧限压缩试验的基础上定义压缩系数、压缩指数、压缩模量和体积压缩系数 4 个压缩性指标，来对土体的压缩性进行描述。

4.3.1 压缩系数 a

压缩系数指的是 e—p 曲线上任意两点割线的斜率，如图 4.3 所示，计算公式如下：

$$a = -\frac{\Delta e}{\Delta p}$$

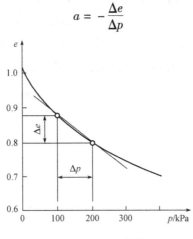

图 4.3　e—p 曲线

压缩系数的特点如下：

（1）不同土的压缩系数不同，a 越大，土的压缩性越大。

（2）同种土的压缩系数 a 不是常数，与应力 p 有关。

（3）通常用应力范围为 $100 \sim 200$ kPa 的 a 对不同土的压缩性进行比较，见表 4.1。

（4）压缩系数的常用单位为 kPa^{-1}、MPa^{-1}。

表 4.1　由压缩系数评价土的压缩性

a_{1-2}/MPa^{-1}	>0.5	$0.1 \sim 0.5$	<0.1
土的类别	高压缩性土	中压缩性土	低压缩性土

4.3.2 压缩指数 C_c

侧限压缩试验的结果也可以绘制成 e—$\lg p$ 曲线，如图 4.4 所示。在压力较大部分，曲线

接近直线，C_c 是直线段的斜率，即

$$C_c = -\frac{\Delta e}{\Delta \lg p}$$

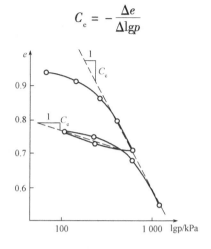

图 4.4　e—$\lg p$ 曲线

4.3.3　压缩模量 E_s

在侧限压缩试验中，应力增量与应变增量的比值即侧限压缩模量，简称压缩模量。

$$E_s = \frac{\Delta p}{\Delta \varepsilon}$$

由于在侧向压缩试验中

$$a = -\frac{\Delta e}{\Delta p}$$

$$\Delta \varepsilon = -\frac{\Delta e}{1 + e_0}$$

所以

$$E_s = \frac{1 + e_0}{a}$$

4.3.4　体积压缩系数 m_v

压缩模量的倒数即体积压缩系数。

$$m_v = \frac{1}{E_s} = \frac{a}{1 + e_0}$$

4.4　现场载荷试验及变形模量

4.4.1　现场载荷试验

现场载荷试验是在工程现场通过千斤顶逐级对置于地基土上的载荷板施加载荷，观测记录沉降随时间的发展以及稳定时的沉降量 s，如图4.5、图4.6所示。将上述试验得到的各级载荷与相应的稳定沉降量绘制成 p—s 曲线，即获得了地基土载荷试验的结果。载荷试验装置由三大系统组成，即加荷系统、反力系统和量测系统。加荷系统包括千斤顶、加荷板、量力环；反力系统可以是锚桩反力系统、堆载反力系统；量测系统即百分表。

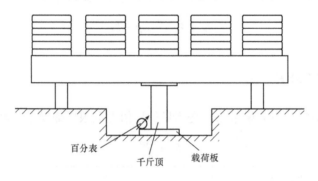

图4.5　堆载反力

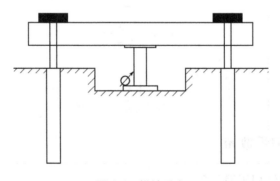

图4.6　锚桩反力

试验时分级加载，分级不少于8级，每级沉降稳定后再进行下一级加载；满足终止加载标准（破坏标准）的某级载荷的上一级载荷作为极限载荷。终止加载标准可参照《建筑地基基础设计规范》（GB 50007—2011）制定。将各级载荷 p 与对应的沉降 s 绘制成 p—s 曲线，如图4.7所示。

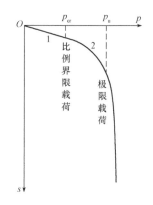

图 4.7　载荷试验 p—s 曲线

4.4.2　变形模量 E_0

变形模量指的是载荷试验中应力增量与应变增量的比值，即

$$E_0 = \frac{\Delta p}{\Delta \varepsilon}$$

p—s 曲线的开始部分往往接近于直线，一般地基容许承载力取接近于比例界限载荷，所以地基的变形处于直线变形阶段，所以变形模量可以用如下公式计算：

$$E_0 = \frac{(1 - \mu^2)\, p}{s_1 d}$$

式中　μ——泊松比；

　　　d——载荷板直径；

　　　p——一般可取比例界限载荷；

　　　s_1——载荷 p 所对应的沉降。

4.5 土的弹性模量

土的弹性模量的定义是土体在无侧限条件下瞬时压缩的应力应变模量。弹性力学解（Boussinesq 解）给出了一个竖向集中力作用在半空间表面上，半空间内任意点处所引起的 6 个应力分量和 3 个位移分量。其中位移分量包含了土的弹性模量和泊松比两个参数。由于土并非理想弹性体，土体的变形包括弹性变形和残余变形两部分。因此，在静载荷作用下计算土的变形时所采用的变形参数为压缩模量和变形模量等。通常，地基变形计算的分层总和法公式都采用土的侧限压缩模量；但运用弹性力学公式进行计算时，则采用变形模量或弹性模量。

在动载荷（如车辆载荷、风载荷、地震载荷）作用下，仍然采用压缩模量或变形模量来计算土的变形，将得出与实际情况不符的偏大结果。其原因是冲击载荷或反复载荷每一次的作用时间短暂，由于土骨架和土颗粒未被破坏，不发生不可恢复的残余变形，而只发生土骨架的弹性变形，所以弹性模量远远大于变形模量。

确定土的弹性模量的方法是，一般采用室内三轴仪进行三轴压缩试验或无侧限压缩仪进行单轴压缩试验得到的应力—应变关系曲线确定初始切线模量 E_i 或相当于现场载荷条件下的再加荷模量 E_r。

试验方法为采用取样质量最好的原状土样，在三轴仪中进行固结，所施加的固结压力 σ_3 各向相等，其值取试样在现场 K_0 固结条件下的有效自重应力，即 $\sigma_3 = \sigma_{cx} = \sigma_{cy}$。固结后在不排水的情况下施加轴向压力增量 $\Delta\sigma$，达到现场条件下的有效附加应力（$\Delta\sigma = \sigma_z$），此时试样中的轴向压力为 $\sigma_3 + \Delta\sigma = \sigma_1$，然后减压到零。这样重复加荷和卸荷若干次，如图 4.8 所示。一般加、卸荷 5 ~ 6 个循环后，便可在主应力差（$\sigma_1 - \sigma_3$）与轴向应变 ε_1 关系图上测得 E_i 和 E_r。

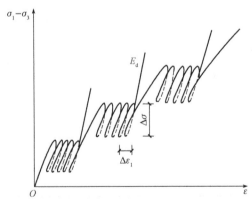

图 4.8 三轴压缩试验确定土的弹性模量

土的弹性模量也能与不排水三轴压缩试验所得到的强度联系起来，从而间接估算。

$$E = (250 \sim 500)(\sigma_1 - \sigma_3)_f$$

式中　$(\sigma_1 - \sigma_3)_f$——不排水三轴压缩试验土样破坏时的主应力差。

4.6 土的三种模量的比较

压缩模量 E_s 是土在完全侧限的条件下得到的，为竖向正应力与相应的正应变的比值。该参数将用于地基最终沉降量计算的分层总和法、应力面积法等方法。

变形模量 E_0 是根据现场载荷试验得到的，它是指土在侧向自由膨胀条件下正应力与相应的正应变的比值。该参数将用于弹性理论法中最终沉降估算，但载荷试验中所规定的沉降稳定标准带有很大的近似性。

弹性模量 E_i 可通过静力法或动力法测定，它是指正应力与弹性（可恢复）正应变的比值。该参数常用于用弹性理论公式估算建筑物的初始瞬时沉降。

根据上述三种模量的定义可看出：压缩模量和变形模量的应变为总的应变，既包括可恢复的弹性应变，又包括不可恢复的塑性应变。弹性模量的应变只包含弹性应变。

从理论上可以得到压缩模量与变形模量之间的换算关系：

$$E_0 = \beta E_s$$

式中

$$\beta = 1 - \frac{2\mu^2}{1-\mu} = 1 - 2\mu K_0$$

推导过程如下：

在侧限压缩试验中，σ_z 为竖向压力，由于侧向完全受限，所以

$$\varepsilon_x = \varepsilon_y = 0$$

$$\sigma_x = \sigma_y = K_0 \sigma_z$$

式中　k_0——侧压力系数，可通过试验测定或采用经验值。

利用三向应力状态下的广义胡克定律，得

$$\varepsilon_x = \frac{\sigma_x}{E_0} - \mu \left(\frac{\sigma_y}{E_0} + \frac{\sigma_z}{E_0} \right) = 0$$

式中　μ——土的泊松比。

进而得

$$K_0 = \frac{\mu}{1-\mu}$$

或

$$\mu = \frac{K_0}{1+K_0}$$

再考察 ε_z，得

$$\varepsilon_z = \frac{\sigma_z}{E_0} - \mu \left(\frac{\sigma_x}{E_0} + \frac{\sigma_y}{E_0} \right)$$

$$= \frac{\sigma_z}{E_0}\ (1 - 2\mu K_0)$$

$$= \frac{\sigma_z}{E_0}\left(1 - \frac{2\mu^2}{1-\mu}\right)$$

将侧限压缩条件 $\varepsilon_z = \sigma_z / E_s$ 代入上式左边，则

$$\frac{\sigma_z}{E_s} = \frac{\sigma_z}{E_0}\ (1 - 2\mu K_0)$$

这样就得

$$E_0 = E_s(1 - 2\mu K_0)\ \ = E_s\left(1 - \frac{2\mu^2}{1-\mu}\right)$$

令

$$\beta = 1 - \frac{2\mu^2}{1-\mu} = 1 - 2\mu K_0$$

即得

$$E_0 = \beta E_s$$

复习思考题

1. 简述变形、压缩、固结的概念。

2. 土的压缩性特点是什么？

3. 在侧限压缩试验过程中，试样的应力状态怎样？

4. 在侧限压缩试验过程中，试验的变形特点是什么？

5. 简述侧限压缩试验指标的异同点。

6. 简述土体的压缩模量与弹性模量的异同点。

7. 简述 e—p 曲线和 e—$\lg p$ 曲线的特点。

8. 简述现场载荷试验过程中土体应力状态的变化与侧限压缩试验中土体应力状态的变化的异同点。

9. 简述压缩模量与变形模量的异同点。

10. 简述弹性模量的应用意义。

11. 简述弹性模量的确定方法。

12. 简述压缩模量、变形模量、弹性模量的定义、应用、确定方法。

13. 如何对同一土体压缩模量、变形模量、弹性模量的大小排序？

第5章

地基变形

建筑物或构筑物载荷通过基础、填方路基或填方坝基传递给地基，使天然土层原有的应力状态发生变化，即在基底压力的作用下地基中产生了附加应力和竖向、侧向变形，导致建筑物或堤坝及其周边环境发生沉降和位移。沉降包括地基表面沉降、基坑回弹、地基土分层沉降和周边场地沉降。位移包括建筑物的主体倾斜、堤坝的垂直和水平位移、基坑支护倾斜和周边场地滑坡等。在修建建筑物或堤坝时，天然地基中早已存在自重应力，通常认为地质年代久远已经完成了自身的变形，目前只需考虑地基附加应力产生的地基变形。但对于第四纪全新世近期沉积的土、近期人工填土和换土垫层人工地基，还应考虑土中自重应力产生的地基变形。

地基变形的计算方法有弹性理论法、分层总和法、应力历史法、应力路径法等。天然土层往往由成层土组成，还可能具有尖灭和透镜体等交错层理构造，即使是同类的厚层土，其变形性质也随着深度不同而变化。因此，地基土的非匀质性是普遍存在的。通常在计算地基变形的方法上，先把地基看成均质的线变形体，应用弹性理论来计算地基中的附加应力，然后利用某些简化的假设来解决成层土地基的变形计算问题。分层总和法是计算地基最终沉降量最常用的方法。

透水性大的饱和无黏性土，其固结过程在短时间内就可以结束，固结稳定所经历的时间很短，通常认为在外载荷施加完成时，其固结已基本完成，因此，一般不考虑无黏性土的固结问题。黏性土、粉土均为细粒土，完成固结所需的时间较长；软黏性土层，其固结需要几年甚至几十年时间才能完成。土的固结问题是研究土中孔隙水压力消散、有效应力增长全过程的理论问题。

建筑物的沉降量是指地基土压缩变形固结稳定时的最大沉降量，或称地基沉降量。地基最终沉降量，是指地基土在建筑物载荷作用下，变形完全稳定时基底处的最大竖向位移。

地基沉降的原因如下：

（1）建筑物的荷重产生附加应力；

（2）欠固结土的自重；

（3）地下水位下降和施工中水的渗流。

基础沉降按其原因和次序分为瞬时沉降（s_d）、主固结沉降（s_c）和次固结沉降（s_s）三部分。瞬时沉降是指加荷后立即发生的沉降，对于饱和土地基，在土中水还未排出的条件下，沉降主要由土体侧向变形引起，这时土体不发生体积变化。主固结沉降是指超静孔隙水压力逐渐消散，使土体积压缩而引起的渗透固结沉降，也称固结沉降，它随时间逐渐增长。次固结沉降是指超静孔隙水压力基本消散后，主要由土粒表面结合水膜发生蠕变等引起的沉降。它随时间极其缓慢地发展。因此，建筑物基础的总沉降量应为上述三部分之和，即

$$s = s_d + s_c + s_s$$

5.1 基础最终沉降量的计算

5.1.1 分层总和法

分层总和法是目前在工程中广泛采用的方法，即以无侧向变形条件下的压缩量计算基础的沉降量。

分层总和法计算沉降量的思想是将成层土地基分为一个一个的小条，对每个小条计算沉降量，然后叠加。其基本假定和基本原理如下：

（1）假设基底压力为线性分布。

（2）附加应力用弹性理论计算。

（3）侧限应力状态只发生单向沉降。

（4）只计算主固结沉降，不计算瞬时沉降和次固结沉降。

（5）将地基分成若干层，认为整个地基的最终沉降量为各层沉降量之和：

$$s = \sum s_i$$

分层总和法理论上不够完备，是一个半经验性方法。

由于基础施工的步骤是基坑开挖—基础施工—基坑回填—建筑物施工，所以地基土体经历了卸载—回弹—再加载—压缩沉降等过程。计算地基最终沉降量，一种情况是考虑地基回弹，沉降量从回弹后的基底算起，此种情况适用于基础底面面积大、埋深深、施工期长的情况；另一种情况是不考虑地基回弹，沉降量从原基底算起，适用于基础底面积小、埋深浅、施工期短的情况。

1. 不考虑回弹变形的分层总和法计算地基沉降量的计算步骤

（1）计算原地基的自重应力分布 σ_{cz}。地基土的自重应力应从地面算起。

（2）基底附加压力 $p_0 = p - \sigma_c$。考虑基坑开挖对自重应力的卸载，将基底压力减去基底以上土体的自重，即基底附加压力，作为计算地基中附加应力的外载荷。

（3）确定地基中附加应力 σ_z 的分布。附加应力的计算应从基底起，外载荷采用基底附加压力。

（4）确定计算深度 z_n。确定沉降计算深度的方法有多种。

①经验法。对于一般土层，取附加应力等于 20% 自重应力所对应的土层，即 $\sigma_z = 0.2\sigma_{cz}$；对于软土层，取 $\sigma_z = 0.1\sigma_{cz}$ 所对应的土层。

②规范法。要求计算深度以上 Δz 高度的土条，其沉降量 Δs 小于等于总沉降量的 $\dfrac{1}{40}$，即

$$\Delta s \leqslant 0.025s$$

对于一般房屋基础，可按下列经验公式确定 z_n：

$$z_n = B\ (2.5 - 0.4\ \ln B)$$

式中 B——基坑宽度。

（5）地基分层 H_i。地基分层的原则是不同土层界面、地下水位线均为分层面，且每层厚度不宜大于 40% 的基础宽度或 4 m；另外附加应力变化明显的土层，分层厚度适当减小。

（6）计算每层沉降量 s_i。对于小土条 i，如图 5.1 所示，其自重应力取上下表面自重应力的平均值 σ_{czi}，附加应力亦取上下表面附加应力的平均值 σ_{zi}，则该小土条压缩前受到的载荷 $p_{1i} = \sigma_{czi}$，压缩后受到的载荷 $p_{2i} = \sigma_{czi} + \sigma_{zi}$。设压缩前载荷 p_{1i} 对应的孔隙比为 e_{1i}，压缩后对应的孔隙比为 e_{2i}，则小土条的沉降量 s_i 等于：

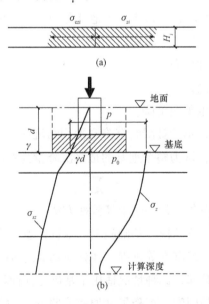

图 5.1　分层总和法计算基础最终沉降量

（a）单个小土条；（b）分层计算

$$s_i = \frac{a_i}{1 + e_{1i}} \left(p_{2i} - p_{1i} \right) H_i$$

$$S_i = \frac{\sigma_{zi} H_i}{E_{si}}$$

$$s_i = \frac{e_{1i} - e_{2i}}{1 + e_{1i}} H_i$$

（7）计算各层沉降量叠加 $\sum s_i$

$$s = \sum s_i$$

不考虑回弹变形的分层总和法计算地基沉降量的优缺点：

（1）优点：适用于各种成层土和各种载荷的沉降量计算；压缩指标 a、E_s 等易确定。

（2）缺点：做了许多假设，与实际情况不符，侧限条件、基底压力计算有一定误差；室内试验指标也有一定误差；计算工作量大；利用该法计算得到的结果，对坚实地基，其结果偏大，对软弱地基，其结果偏小。

2. 考虑回弹变形的分层总和法计算最终沉降量的计算步骤

与不考虑回弹变形相比，考虑回弹变形时，开挖后地基中自重应力分布应减去由于开挖回弹的减小量，即

$$\sigma'_{cz} = \sigma_{cz} - f \left(\gamma d,\ z \right)$$

式中，$f \left(\gamma d,\ z \right)$ 为由于回弹变形而引起的自重应力减小量，它与开挖土重有关，也与距基底的深度有关。

另外，考虑回弹变形时地基中附加应力的计算，外载荷可直接用基底压力计算。

其余步骤与不考虑回弹变形的步骤相同。

5.1.2　应力历史法

1. 应力历史的概念

应力历史是指土层在形成过程中所受到的应力变化情况。土层应力历史不同，其压缩性不同。如图 5.2 所示，在侧限压缩试验中，加压到某一载荷时，卸载为零，然后加载，再加载曲线与原加载曲线不同，这就明显地反映了土体的应力历史相关性。

图 5.3 是原状土样、受扰动程度不同的土样以及重塑土样的室内压缩曲线，其压缩特性明显不同。

侧限压缩试验的实际工作步骤是：从现场取样，然后在室内试验，在此过程中涉及土体扰动、应力释放、含水量变化等多方面影响，即使在上述过程中努力避免扰动，保持含水率不变，应力卸荷也是不可避免的。因此需要根据土样的室内压缩曲线推求土层的原位压缩曲线，考虑土层应力历史的影响，来确定现场压缩的特征曲线。

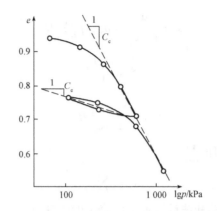

图 5.2　土体加载—卸载—再加载侧限压缩曲线

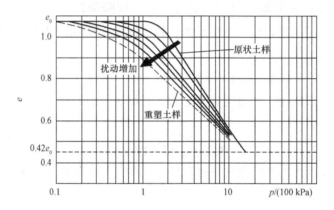

图 5.3　扰动程度不同的土样的压缩曲线

2. 先期固结应力的概念

先期固结应力是指天然土层在形成历史上沉积、固结过程中受到的最大固结应力，用 p_c 表示。

3. 超固结比的概念

超固结比（OCR）是指先期固结应力和现在所受的固结应力之比，根据 OCR 可将土层分为正常固结土、超固结土和欠固结土。

OCR $=1$，即先期固结应力等于现在所受的固结应力，正常固结土；

OCR >1，即先期固结应力大于现在所受的固结应力，超固结土；

OCR <1，即先期固结应力小于现在所受的固结应力，欠固结土。

确定先期固结应力的方法很多，应用最广泛的是美国学者卡萨格兰德建议的经验作图法，如图 5.4 所示。可按以下步骤确定先期固结应力。

（1）在 e—$\lg p$ 曲线上，找出曲率最大点 m；

（2）作水平线 $m1$；

（3）作 m 点的切线 $m2$；

（4）作 $m1$、$m2$ 的角分线 $m3$；

（5）$m3$ 与试验曲线的直线段交于点 B，点 B 对应于先期固结应力 p_c。

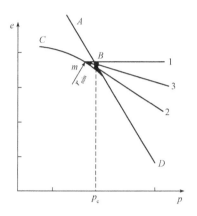

图 5.4　确定先期固结应力

4. 现场原位压缩曲线

在取原状土和制备试样的过程中，不可避免地对土样产生一定的扰动，致使室内压缩曲线与现场压缩特征曲线之间有差别，所以必须加以修正，以使地基沉降计算更为合理。

观察室内压缩试验的结果发现，无论试样扰动如何，当压力增大时，曲线都接近于直线段，且大都经过 $0.42e_0$ 点（e_0 为试样的原位孔隙比）。

（1）正常固结土原位压缩曲线的求法。对正常固结土，先期固结压力 p_c 与固结应力相同，所以 B（e_0，p_c）位于原位压缩曲线上，另外，以 $0.42e_0$ 在压缩曲线上确定 C 点，通过 B、C 两点的直线，即所求的原位再压缩曲线，如图 5.5 所示。

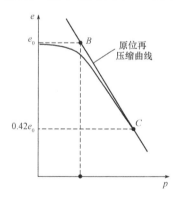

图 5.5　正常固结土原位压缩曲线

（2）超固结土的原位压缩曲线的求法。确定 p_c、σ_{cz} 的作用线，因为 $p_c > \sigma_{cz}$，点 D（e_0，σ_{cz}）位于再压缩曲线上，过 D 点作斜率为 ae 的直线 DB，DB 为原位再压缩曲线；以 $0.42e_0$ 在压缩曲线上确定 C 点，BC 为原位初始压缩曲线；DBC 即所求的原位再压缩和压缩曲线，如图 5.6 所示。

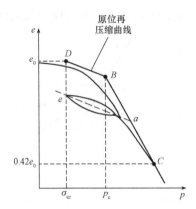

图 5.6 超固结土原位压缩曲线

（3）欠固结土的原位压缩曲线的求法。因欠固结土在自重作用下，压缩尚未稳定，只能近似地按正常固结土的方法求其原位压缩曲线。

5. 考虑应力历史影响的地基最终沉降量计算步骤

（1）正常固结土的沉降计算。当土层属于正常固结土时，建筑物外载荷引起的附加应力是对土层产生压缩的压缩应力。设现场土层的分层厚度为 h_i，压缩指数为 C_{ci}，则该分层的沉降 s_i 为

$$s_i = \frac{\Delta e_i}{1 + e_2} h_i$$

又因为 $\Delta e_i = C_{ci} \left[\lg \left(p_{0i} + \Delta p_i \right) - \lg p_{0i} \right] = C_{ci} \lg \left[\frac{p_{0i} + \Delta p_i}{p_{0i}} \right]$

$$S_i = \frac{h_i C_{ci}}{1 + e_{0i}} \left[\lg \frac{p_{0i} + \Delta p_i}{p_{0i}} \right]$$

当地基有 n 分层时，则地基的总沉降量为

$$s = \sum_{i=1}^{n} s_i = \sum_{i=1}^{n} \frac{h_i C_{ci}}{1 + e_{0i}} \left[\lg \frac{p_{0i} + \Delta p_i}{p_{0i}} \right]$$

式中　e_{0i}——第 i 分层的初始孔隙比；

　　　p_{0i}——第 i 分层的平均自重应力；

　　　C_{ci}——第 i 分层的现场压缩指数；

　　　h_i——第 i 分层的厚度；

　　　Δp_i——第 i 分层的平均压缩应力。

（2）超固结土的沉降计算。计算超固结土层的沉降时，涉及使用压缩曲线的压缩指数 C_c 和 C_s（回弹模量），因此计算时应该区别两种情况：

①当建筑物外载荷引起的压缩应力 $\Delta p_i < \left(p_{ci} - p_{0i} \right)$ 时，土层属于超固结阶段的再压缩

过程，第 i 层在 Δp_i 作用下，孔隙比的改变将只沿再压缩曲线 bb' 段发生，应使用 C_{si} 指数，则该分层的压缩量

$$s_i = \frac{h_i}{1+e_{0i}} C_{si} \lg\left(\frac{p_{0i}+\Delta p_i}{p_{0i}}\right)$$

$$s = \sum_{i=1}^{n} s_i = \sum_{i=1}^{n} \left(\frac{h_i C_{si}}{1+e_{0i}}\right)\left(\lg\frac{p_{0i}+\Delta p_i}{p_{0i}}\right)$$

②当压缩应力（平均固结力）$\Delta p_i > (p_{ci}-p_{0i})$ 时，则该分层的压缩量分为 p_{0i} 至 p_{ci} 段超固结压缩 s_{1i} 和 p_{ci} 至 $(p_{0i}+\Delta p_i)$ 段正常固结压缩 s_{2i} 两部分，即

$$s_i = s_{1i} + s_{2i}$$

$$s_{1i} = \frac{h_i}{1+e_{0i}} C_{si} \lg\frac{p_{ci}}{p_{0i}}$$

$$s_{2i} = \frac{h_i}{1+e_{0i}} C_{ci} \lg\frac{p_{0i}+\Delta p_i}{p_{ci}}$$

$$s = \sum_{i=1}^{n} s_i = \sum_{i=1}^{n}(s_{1i}+s_{2i}) = \sum_{i=1}^{n}\frac{h_i}{1+e_{0i}}\left[C_{si}\lg\frac{p_{ci}}{p_{0i}}+C_{ci}\lg\frac{p_{0i}+\Delta p_i}{p_{ci}}\right]$$

式中　p_{ci}——第 i 分层的前期固结应力；

其余符号同前。

（2）欠固结土的沉降计算。对于欠固结土，由于在自重作用下还未完全压缩稳定，$p_c < p_0$，因而沉降量应该包括由于自重作用引起的压缩和建筑物外载荷引起的沉降量之和。

$$s_i = \frac{h_i}{1+e_{0i}} C_{ci}\left[\lg\frac{p_{0i}}{p_{ci}}+\lg\frac{p_{0i}+\Delta p_i}{p_{0i}}\right]$$

$$= \frac{h_i}{1+e_{0i}} C_{ci}\lg\frac{p_{0i}+\Delta p_i}{p_{ci}}$$

$$s = \sum_{i=1}^{n} s_i = \sum_{i=1}^{n}\frac{h_i}{1+e_{0i}} C_{ci}\lg\frac{p_{0i}+\Delta p_i}{p_{ci}}$$

5.1.3　规范法

规范法是《建筑地基基础设计规范》（GB 50007—2011）中的计算最终沉降量的方法，是基于分层总和法的思想，运用平均附加应力面积的概念，并结合大量工程实际中沉降量观测的统计分析，辅以经验系数 φ_s 进行修正，求得地基的最终变形量。

1. 基本公式

$$s = \varphi_s \sum s_i = \varphi_s \sum_{i=1}^{n}(z_i a_i - z_{i-1} a_{i-1})\frac{p_0}{E_{si}}$$

式中　s——地基的最终沉降量（mm）；

φ_s——沉降计算经验系数；

n——地基变形计算深度范围内天然土层数；

p_0——基底附加压力；

E_{si}——基底以下第 i 层土的压缩模量，按第 i 层实际应力变化范围取值；

z_i、z_{i-1}——基础底面至第 i 层、第 $i-1$ 层底面的距离；

a_i、a_{i-1}——基础底面到第 i 层、第 $i-1$ 层底面范围内中心点下的平均附加系数，可查表得到。

2. 沉降计算经验系数 φ_s

φ_s 综合反映了计算公式中一些未能考虑的因素，它是根据大量工程实际中沉降的观测值与计算值的统计分析比较而得到的。φ_s 的确定与地基土的压缩模量 E_s 承受的载荷有关，具体见表 5.1。

表 5.1　沉降计算经验系数 φ_s

基底 $\overline{E}_s$/MPa 附加应力		2.5	4.0	7.0	15.0	20.0
黏性土	$p_0 = f_k$	1.4	1.3	1.0	0.4	0.2
	$p_0 < 0.75 f_k$	1.1	1.0	0.7	0.4	0.2
砂土		1.1	1.0	0.7	0.4	0.2

$\overline{E}_s$ 为沉降计算深度范围内的压缩模量当量值，按下式计算：

$$\overline{E}_s = \frac{\sum A_i}{\sum \dfrac{A_i}{E_{si}}}$$

式中　A_i——第 i 层平均附加应力系数沿土层深度的积分值；

E_{si}——相应于该土层的压缩模量；

f_k——地基承载力标准值。

3. 地基沉降计算深度 Z_n

地基沉降计算深度 Z_n 应满足

$$\Delta s_{Z_n} \leqslant 0.025 \sum_{i=1}^{n} s_i$$

式中　Z_n——地基沉降计算深度；

Δs_{Z_n}——计算深度处向上取 Δz 厚度土层的沉降量，Δz 的厚度选取与基础宽度 B 有关，见表 5.2。

表 5.2　Δz

B/m	≤2	2 ~ 4	4 ~ 8	8 ~ 15	15 ~ 30	>30
$\Delta z/m$	0.3	0.6	0.8	1.0	1.2	1.5

注：（1）当基础无相邻载荷影响时，基础中心点以下地基沉降计算深度也按下式参数取值：$Z_n = B\,(2.5 - 0.4\ln B)$。

（2）利用 $s = \varphi_s \sum s_i = \varphi_s \sum_{i=1}^{n} \dfrac{p_0}{E_{si}}(z_i a_i - z_{i-1} a_{i-1})$

计算地基的最终沉降量，在考虑相邻载荷影响时，平均附加应力仍可应用叠加原理。

5.2 地基变形与时间的关系

饱和土体的压缩过程主要是指土中孔隙水的挤出过程，即饱和土的压缩变形是在外载荷作用下使得充满于孔隙中的水逐渐被挤出，固体颗粒压密的过程。孔隙水排出的时间取决于排水的距离、土粒粒径与孔隙的大小、土层的渗透系数、载荷大小和压缩系数的高低等因素。

不同土质的地基，在施工期间完成的沉降量不同。碎石土和砂土压缩性小，渗透性大，变形经历的时间很短，因此施工结束时，地基沉降已全部或基本完成；黏性土完成固结所需要的时间比较长。通常对于低压缩性黏性土，可认为施工期间完成最终沉降量的50%～80%；对于中压缩性黏性土，可认为施工期间完成最终沉降量的20%～50%；对于高压缩性黏性土，可认为施工期间完成最终沉降量的5%～20%。在厚层的饱和软黏性土中，固结变形需要经过几年甚至几十年时间才能完成。

5.2.1 饱和土的渗流固结理论

渗流固结理论是针对土这种多孔多相松散介质建立起来的反映土体变形过程的基本理论。土力学的创始人太沙基教授于20世纪20年代提出饱和土的一维渗流固结理论。该理论提出的实践背景是大面积均布载荷作用下的薄压缩层地基，此时简化为侧限状态，渗流和土体的变形只沿竖向发生，所以称作一维渗流固结理论。

为了形象地描述饱和土体的渗流固结过程，可在一个盛满水的圆筒中装一个带有弹簧的活塞，弹簧表示土颗粒骨架，容器内的水表示土中的自由水，带孔的活塞表征土的透水性，如图5.7所示。

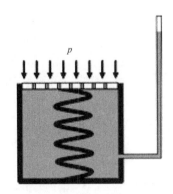

图5.7 饱和土体渗流固结物理模型

模型中只有固液两相介质，所以外力 σ 的作用只能由水与弹簧来承担。设水承担的压力为孔隙水压力 u，土颗粒承担的压力为有效应力 σ'，按照太沙基提出的有效应力原理：

$$\sigma = \sigma' + u$$

饱和土体的一维渗流固结过程可用图 5.8 来表示。在 $t=0$ 时刻，弹簧未被压缩，水承担了全部的外载荷，随着时间的增加，水逐渐排出，孔隙水压力 u 在减小，弹簧被压缩，有效应力增加，而总外载荷不变；当 $t\rightarrow\infty$ 时，水全部排出，孔隙水压力为零，弹簧承担了全部外载荷。此即饱和土体的一维渗流固结过程。

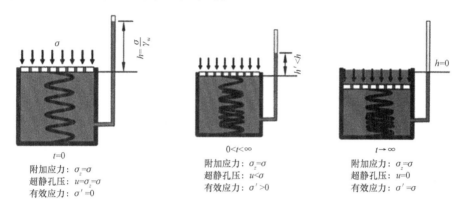

图 5.8　物理模型示意的饱和土体一维渗流固结过程

5.2.2　一维渗流固结微分方程的推导

1. 渗流模型

基本假设如下：

（1）土层是均质的、饱和水的。

（2）在固结过程中，土粒和孔隙水是不可压缩的。

（3）土层仅在竖向产生排水固结（相当于有侧限条件）。

（4）土层的渗透系数 K 和压缩系数 a 为常数。

（5）土层的压缩速率取决于自由水的排出速率，水的渗出符合达西定律。

（6）外载荷是一次瞬时施加的，且沿深度 z 均匀分布。

2. 渗流固结微分方程的推导

在饱和土体渗流固结过程中，土层超静孔压 u 是 z 和 t 的函数，土层内任一点的孔隙水应力 u_{zt} 所满足的微分方程称为固结微分方程。

如图 5.9 所示，在黏性土层中距顶面 z 处取一微分单元，长度为 $\mathrm{d}z$，土体初始孔隙比为 e_1，设在固结过程中的某一时刻 t，从单元顶面流出的流量为 $q+\dfrac{\partial q}{\partial z}\mathrm{d}z$，则从底面流入的流量为 q。

于是，在 $\mathrm{d}t$ 时间内，微分单元被挤出的孔隙水量为

$$\mathrm{d}\theta = \left[\left(q+\frac{\partial q}{\partial z}\mathrm{d}z\right)-q\right]\mathrm{d}t = \left(\frac{\partial q}{\partial z}\right)\mathrm{d}z\mathrm{d}t$$

设渗透固结过程中时间 t 的孔隙比为 e_t，孔隙体积为

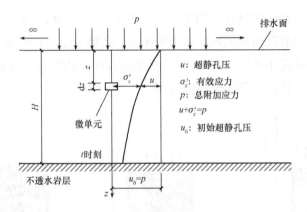

图 5.9 饱和土层中孔隙水压力的分布

$$V_v = \frac{e_t}{1 + e_1} \mathrm{d}z$$

在 $\mathrm{d}t$ 时间内，微分单元的孔隙体积的变化量为

$$\mathrm{d}V_v = \frac{\partial V_v}{\partial t}\mathrm{d}t = \frac{\partial}{\partial t}\left(\frac{e_t}{1 + e_1}\mathrm{d}z\right)\mathrm{d}t$$

$$= \frac{1}{1 + e_1} \cdot \frac{\partial e_t}{\partial t}\mathrm{d}z\mathrm{d}t$$

由于土体中土粒、水是不可压缩的，故此时间内流经微分单元的水量变化应该等于微分单元孔隙体积的变化量。

即 $$\mathrm{d}\theta = \mathrm{d}V_v$$

或 $$\left(\frac{\partial q}{\partial z}\right)\mathrm{d}z\mathrm{d}t = \frac{1}{1 + e_1} \cdot \frac{\partial e_t}{\partial t}\mathrm{d}z\mathrm{d}t$$

即 $$\frac{\partial q}{\partial z} = \frac{1}{1 + e_1} \cdot \frac{\partial e_t}{\partial t}$$

根据渗流满足达西定律的假设：

$$q = Ki = K\frac{\partial h}{\partial z} = \frac{K}{\gamma_w}\frac{\partial u}{\partial z}$$

i 为水头梯度，$i = \frac{\partial h}{\partial z}$，其中 h 为侧压管水头高度，u 为孔隙水压力，$u = \gamma_w h_0$。

根据压缩曲线和有效应力原理

$$a = -\frac{\mathrm{d}e}{\mathrm{d}p}\text{和}\; \sigma' = \sigma - u = p - u$$

得 $$\frac{\partial e_t}{\partial t} = a\frac{\partial u}{\partial t}$$

并令 $$C_v = \frac{K(1 + e_1)}{a\gamma_w}$$

则得
$$C_v \frac{\partial^2 u}{\partial z^2} = \frac{\partial u}{\partial t}$$

式中　C_v——竖向渗流固结系数（单位：$m^2/$年或 $cm^2/$年）。

此式即饱和土体单向渗流固结微分方程。

3. 固结微分方程的求解

对于 $C_v \frac{\partial^2 u}{\partial z^2} = \frac{\partial u}{\partial t}$，可以根据不同的起始条件和边界条件，求得它的特解。考虑到饱和土体的渗流固结过程中边界条件及初始条件

$$t = 0,\ 0 \leqslant z \leqslant H,\ u_{zt} = \sigma = p$$

$$0 < t < \infty,\ z = 0,\ u_{zt} = 0$$

$$0 < t < \infty,\ z = H,\ \text{土层底部不透水} \ q = 0,\ \frac{\partial u}{\partial z} = 0$$

$$t = \infty,\ 0 \leqslant z \leqslant H,\ u_{zt} = 0,\ \sigma' = \sigma = p$$

将固结微分方程 $C_v \frac{\partial^2 u}{\partial z^2} = \frac{\partial u}{\partial t}$ 与上述初始条件、边界条件一起构成定解问题，用分离变量法可求微分方程的特解，即任一点的孔隙水应力。

$$u_{zt} = \frac{4p}{\pi} \sum_{m=1}^{\infty} \frac{1}{m} e^{-\frac{m^2 \pi^2}{4} T_v} \sin \frac{m\pi z}{2H}$$

式中　m——正整奇数（1，3，5，7，…）；

　　　e——自然对数的底；

　　　T_v——时间因素，无因次，$T_v = \frac{C_v t}{H^2}$，t 的单位为年；

　　　H——压缩土层的透水面至不透水面的排水距离（cm）；当土层双面排水时，H 取土层厚度的一半。

4. 固结度

所谓固结度，是指在某一固结应力作用下，经过某一时间 t 后，土体发生固结或孔隙水应力消散的程度。对于土层任一深度 z 处经过时间 t 后的固结度，按下式计算：

$$U_{zt} = \frac{\sigma'_t}{\sigma} = \frac{u_0 - u_{zt}}{u_0} = 1 - \frac{u_{zt}}{u_0}$$

式中　u_0——初始孔隙水应力，其大小即等于该点的固结应力；

　　　u_{zt}——t 时刻的孔隙水应力；

　　　U_{zt}——固结度。

当土层为均质时，地基在固结过程中任一时刻 t 的沉降量 s_t 与地基的最终变形量 s 之比称为地基在 t 时刻的平均固结度，用 U_t 表示，即

$$U_t = \frac{s_t}{s}$$

在地基的固结应力、土层性质和排水条件已知的前提下，U_t 仅是时间 t 的函数。

由 $u_{zt} = \dfrac{4p}{\pi} \displaystyle\sum_{m=1}^{\infty} \dfrac{1}{m} \mathrm{e}^{-\frac{m^2\pi^2}{4}T_v} \sin\dfrac{m\pi z}{2H}$ 给出了 t 时刻在深度 z 的孔隙水应力的大小，根据有效应力和孔隙水应力的关系，可求得土层的平均固结度：

$$U_t = \frac{s_t}{s} = \frac{\dfrac{a}{1+e_1}\displaystyle\int_0^H \sigma'\mathrm{d}z}{\dfrac{a}{1+e_1}\displaystyle\int_0^H \sigma\,\mathrm{d}z} = \frac{\displaystyle\int_0^H (\sigma - u)\,\mathrm{d}z}{\displaystyle\int_0^H \sigma\,\mathrm{d}z} = 1 - \frac{\displaystyle\int_0^H u\,\mathrm{d}z}{\displaystyle\int_0^H \sigma\,\mathrm{d}z}$$

$\displaystyle\int_0^H u\,\mathrm{d}z$ 和 $\displaystyle\int_0^H \sigma\,\mathrm{d}z$ 分别表示土层在外载荷作用下 t 时刻孔隙水应力面积与固结应力面积，将式 $u_{zt} = \dfrac{4p}{\pi}\displaystyle\sum_{m=1}^{\infty}\dfrac{1}{m}\mathrm{e}^{-\frac{m^2\pi^2}{4}T_v}\sin\dfrac{m\pi z}{2H}$ 代入上式，得

$$U_t = 1 - \frac{8}{\pi^2}\left(\mathrm{e}^{-\frac{\pi^2}{4}T_v} + \frac{1}{9}\mathrm{e}^{-\frac{9\pi^2}{4}T_v} + L\right)$$

此式给出了 U_t 与 T_v 之间的关系，常取前两项近似计算 U_t，即

$$U_t = 1 - \frac{8}{\pi^2}\mathrm{e}^{-\frac{\pi^2}{4}T_v}$$

从上式可以看出，土层的平均固结程度是时间因数 T_v 的单值函数，它与所加的固结应力的大小无关，但与土层中固结应力的分布有关。

5.2.3 有关沉降—时间的工程问题

工程中涉及的沉降与时间的关系，通过某一时刻 t 的固结度与沉降量，求达到某一固结度所需要的时间，或者是根据前一阶段测定的沉降—时间曲线，推算以后的沉降—时间关系。

计算步骤如下：

（1）计算地基附加应力沿深度的分布；

（2）计算地基竖向固结变形量；

（3）计算土层的竖向固结系数和竖向固结时间因数；

（4）求解地基固结过程中某一时刻的竖向变形量。

【例 5.1】 如图 5.10 所示，饱和黏性土层的厚度为 8 m，其下为不透水且不可压缩岩层，地面上作用均布载荷 $p = 180$ kPa。该黏性土层的物理力学性质如下：初始孔隙比 $e_0 = 0.8$，压缩系数 $a = 0.25$ MPa^{-1}，渗透系数 $K = 5.0 \times 10^{-8}$ cm/s。

求：（1）加荷半年后地基的沉降；

（2）该黏性土层达到 50% 固结度所需的时间。

（3）该黏性土层若改为双面排水，达到 50% 固结度的时间。

解：（1）$s = \dfrac{\Delta\sigma}{E_s}h = \dfrac{\Delta\sigma}{\dfrac{1+e_0}{a}}h = \dfrac{180}{\dfrac{1+0.8}{0.25\times 10^{-3}}} \times 8 = 0.2$（m）

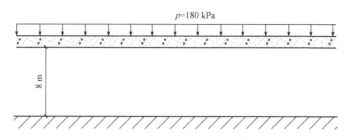

图 5.10　例 5.1 图

（2）$t = 0.5 \times 365 \times 24 \times 60 \times 60 = 1.576\ 8 \times 10^7$（s）

$$C_v = \frac{K(1 + e_0)}{a\gamma_w} = \frac{5.0 \times 10^{-8} \times (1 + 0.8)}{0.25 \times 10^{-3} \times 0.1} = 3.6 \times 10^{-3}\ (\text{cm}^2/\text{s})$$

$$T_v = \frac{C_v t}{H^2} = \frac{3.6 \times 10^{-3} \times 1.576\ 8 \times 10^7}{800 \times 800} = 0.088\ 7$$

$$U_t = 1 - \frac{8}{\pi^2}e^{-\frac{\pi^2}{4}T_v} = 1 - \frac{8}{\pi^2}e^{-\frac{\pi^2}{4} \times 0.088\ 7} = 0.384$$

$$s_t = U_t s = 0.349 \times 0.2 = 0.698\ (\text{m})$$

（3）因为 $U_t = 1 - \frac{8}{\pi^2}e^{-\frac{\pi^2}{4}T_v} = 0.5$

所以 $T_v = 0.196\ 4$

又因为 $T_v = \frac{C_v t}{H^2}$

所以 $t = \frac{T_v H^2}{C_v} = \frac{0.196\ 4 \times 800 \times 800}{3.6 \times 10^{-3}} = 3.49 \times 10^7\ (\text{s}) = 1.11\text{y}$

当单面排水改为双面排水时，最大排水距离变为 4，所以 $t = \frac{1.11}{4}\text{y} = 0.276\text{y}$

复习思考题

1. 简述分层总和法计算地基沉降量的思路。

2. 简述考虑回弹的沉降量计算与未考虑回弹的沉降量计算的区别。

3. 何谓先期固结压力？如何确定土体的先期固结压力。

4. 何谓土中一点的固结度？何谓土层的平均固结度？

5. 如何求任意时刻的沉降量？

6. 如何求地基土层达到某沉降量所需的时间？

7. 太沙基一维渗流固结理论推导的假定条件有哪些？为何要设置这些假定条件？

第 6 章

土的抗剪强度

土体在受到外力后，内部会产生附加应力，当外力达到一定程度后，土体会发生破坏。工程实践和室内试验都证实了土体发生破坏是由于某个面上剪应力达到了其能够承受的最大剪应力，土体就沿着剪应力作用方向发生相对滑动，该点就发生剪切破坏。土体能够承受的最大剪应力称作土体的抗剪强度，是指土体对于外载荷所产生的剪应力的极限抵抗能力。因此，土的强度问题实质上是土的抗剪强度问题。

在工程实践中，与土的抗剪强度有关的工程问题主要有三类：第一类是土作为建造材料的土工构筑物的稳定性问题，如土坝、路堤等填方边坡以及天然土坡等的稳定性问题；第二类是土作为工程构筑物环境的安全性问题，即土压力问题，如挡土墙、地下结构等的周围土体，它的强度破坏将造成对墙体过大的侧向土压力，以致可能导致这些工程构筑物发生滑动、倾覆等破坏事故；第三类是土作为建筑物地基的承载力问题，如果基础下的地基土体产生整体滑动或因局部剪切破坏而导致过大的地基变形，将会造成上部结构的破坏或影响其正常使用功能。

6.1 库仑公式

6.1.1 库仑公式的表达式

1776 年，法国学者库仑（C. A. Coulomb）根据试验结果提出土的抗剪强度的计算公式：

$$\tau_f = c + \sigma \tan\varphi \tag{6.1}$$

式中　τ_f——土的抗剪强度；

　　　c、φ——土体的黏聚力和内摩擦角；对于砂性土，$c=0$；

　　　σ——剪切面上的正应力。

上述土的抗剪强度数学表达式，也称为库仑公式，它表明在一般应力水平下，土的抗剪强度与滑动面上的法向应力之间呈直线关系，其中 c、φ 称为土的抗剪强度指标。这一基本关系式能满足一般工程的精度要求，是目前研究土的抗剪强度的基本定律。

在上述土的抗剪强度表达式中，若采用的法向应力为总应力 σ，表达式称为总应力表达式。根据有效应力原理，土中某点的总应力 σ 等于有效应力 σ' 和孔隙水压力 u 之和，即 $\sigma=\sigma'+u$。

若法向应力采用有效应力 σ'，则可以得到抗剪强度的有效应力表达式：

$$\tau_f = c' + \sigma'\tan\varphi' \tag{6.2}$$

式中　c'、φ'——土的有效黏聚力和有效内摩擦角，统称为有效应力抗剪强度指标。

6.1.2　对库仑公式的认识

从库仑公式中可以看出，对于土体中某一点来讲，其抗剪强度不是一个定值，在同一应力状态下，各个面上的抗剪强度与该面上的正应力成正比。

土体的黏聚力 c 取决于土粒间的各种物理化学作用力，如库仑力（静电力）、范德华力、胶结作用力和毛细力等，所以它与土形成的地质历史、黏性土颗粒矿物成分、密度与离子浓度等有关，一般认为粗颗粒土是无黏性土，其黏聚力等于零。

内摩擦角 φ 反映了土体在剪切过程中颗粒与颗粒之间的摩擦作用，一方面由颗粒之间发生滑动时颗粒接触面粗糙不平引起滑动摩擦，它与颗粒的形状、矿物组成、级配等因素有关；另一方面是指相邻颗粒对相对移动的约束作用，当发生剪切破坏时，相互咬合着的颗粒必须抬起，跨越相邻颗粒，或在尖角处被剪断才能移动，该部分称作咬合摩擦。所以，总的来讲，影响土体内摩擦角 φ 的因素包括密度、粒径级配、颗粒的矿物成分、粒径的形状、黏性土颗粒表面的吸附水膜等。

砂土的内摩擦角 φ 变化范围不是很大，中砂、粗砂、砾砂一般为 32°~40°；粉砂、细砂一般为 28°~36°。孔隙比越小，φ 越大，但含水饱和的粉砂、细砂很容易失去稳定性，因此对其内摩擦角的取值宜慎重，有时规定取 20° 左右。砂土有时也有很小的黏聚力（10 kPa 以内），这可能是由于砂土中夹有一些黏性土颗粒，也可能是毛细黏聚力的缘故。

黏性土的抗剪强度指标的变化范围很大，它与土的种类有关，并且与土的天然结构是否破坏、试样在法向应力下的排水固结程度及试验方法等因素有关。内摩擦角的变化范围为 0°~30°；黏聚力则可从 10 kPa 以下变化到 200 kPa 以上。

6.2　土的抗剪强度及破坏理论

6.2.1　岩土材料的屈服、强度、破坏

当岩土材料受力后，应力达到一定程度时，材料内部在某一面上产生错动或滑移，这种现象称为屈服，此时的应力称为屈服应力。土的屈服应力在材料受力变形过程中逐步增大，并不是一个定值。

强度这一名词代表材料或构件对载荷的抵抗能力。地基土层的承载力是强度问题，基坑、土坡、堤坝等边坡稳定问题，也是强度问题。

材料的破坏表现为变形的急剧发展或连续发展，或累积发展到实用上认为破坏的程度。

屈服、破坏是一种现象，强度是一个控制界限。长期以来，人们根据对材料破坏现象及机理的认识和分析提出了一些科学假说，作为工程安全的控制标准。这些科学假说称为破坏准则或强度准则。

土的破坏准则或强度准则就是如果满足其应力状态就会破坏的条件公式。针对这个问题，不同的研究者根据不同的思路提出了不同的强度准则。在土力学中，经典的强度准则有以下几个。

1. 米塞斯（Mises）准则

米塞斯准则是偏应力 J_2 达到某极限值时，材料破坏，用公式表示为

$$F(J_2) = J_2 - k^2 = 0 \tag{6.3}$$

式中　K——与土质有关的常数。

2. 屈瑞斯卡（Tresca）准则

屈瑞斯卡准则是最大剪应力 τ_{max} 达到某极限值时，材料破坏，用公式表示为

$$\frac{1}{2}(\sigma_1 - \sigma_3) = K \tag{6.4}$$

式中　K——与土质有关的常数。

3. 莫尔—库仑（Mohr—Coulomb）准则

莫尔—库仑准则认为应力比 $\left(\dfrac{\tau}{\sigma}\right)_{max}$ 达到某极限值时，材料破坏，用公式表示为

$$\left(\frac{\tau}{\sigma}\right)_{max} = 常数 \tag{6.5}$$

在实际工程中，应用最广的是莫尔—库仑准则。

6.2.2　莫尔—库仑强度理论

莫尔在库仑公式的基础上，于 1900 年提出土体破坏的强度理论，即莫尔—库仑强度理

论。该理论包含三个方面的内容。

（1）土单元体的某一个平面上的抗剪强度 τ_f 是该面上作用的法向应力 σ 的单值函数，这个函数关系式确定的曲线称作抗剪强度包络线。

（2）在一定的应力范围内，$f(\sigma)$ 可以用线性函数近似 $\tau_f = c + \sigma\tan\varphi$ 表示。

（3）某土单元体的任一个平面上 $\tau = \tau_f$，该土单元体就达到极限平衡应力状态。

如果某个土单元体的应力状态用大小主应力 σ_1 和 σ_3 表示，则该土单元体达到极限平衡应力状态时，其应力状态莫尔圆应与抗剪强度包线相切，如图6.1所示。

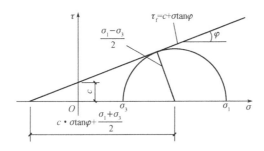

图6.1 极限平衡状态莫尔圆与抗剪强度包线

其大小主应力应满足

$$\sin\varphi = \frac{(\sigma_1 - \sigma_3)/2}{\cot\varphi + (\sigma_1 + \sigma_3)/2} \tag{6.6}$$

或

$$\sigma_1 = \sigma_3 \tan^2\left(45° + \frac{\varphi}{2}\right) + 2c\tan\left(45° + \frac{\varphi}{2}\right) \tag{6.7}$$

$$\sigma_3 = \sigma_1 \tan^2\left(45° - \frac{\varphi}{2}\right) - 2c\tan\left(45° - \frac{\varphi}{2}\right) \tag{6.8}$$

对于无黏性土，则应满足

$$\sigma_1 = \sigma_3 \tan^2\left(45° + \frac{\varphi}{2}\right) \tag{6.9}$$

$$\sigma_3 = \sigma_1 \tan^2\left(45° - \frac{\varphi}{2}\right) \tag{6.10}$$

【例6.1】已知建筑物地基中土体某点的应力状态为 $\sigma_z = 250$ kPa，$\sigma_x = 100$ kPa，$\tau_{xz} = 40$ kPa，土的强度参数为 $\varphi = 30°$、$c = 0$。问：按照莫尔—库仑强度理论，该点是否发生剪切破坏？如 σ_z 和 σ_x 不变，τ_{xz} 增加至 60 kPa 时，则该点的状态又将如何？

解：$\sigma_{1,3} = \dfrac{\sigma_x + \sigma_z}{2} \pm \sqrt{\left(\dfrac{\sigma_x - \sigma_z}{2}\right)^2 + \tau_{xz}^2}$

$= \dfrac{100 + 250}{2} \pm \sqrt{\left(\dfrac{100 - 250}{2}\right)^2 + 40^2}$

$= 175 \pm 85$（kPa）

所以 $\sigma_1 = 260$ kPa；$\sigma_3 = 90$ kPa

$$\sigma_{3f} = \sigma_1 \tan^2\left(45° - \frac{\varphi}{2}\right) - 2c\tan\left(45° - \frac{\varphi}{2}\right)$$

$\sigma_3 > \sigma_{3f}$，安全不破坏。

当 σ_z、σ_x 不变，τ_{xz} 增加至 60 kPa 时

$$\sigma_{1,3} = \frac{100 + 250}{2} \pm \sqrt{\left(\frac{100 - 250}{2}\right)^2 + 60^2}$$

$$= 175 \pm 96 \quad (\text{kPa})$$

所以 $\sigma_1 = 271$ kPa；$\sigma_3 = 79$ kPa

$$\sigma_{3f} = \sigma_1 \tan^2\left(45° - \frac{\varphi}{2}\right) - 2c\tan\left(45° - \frac{\varphi}{2}\right)$$

$$= 271 \times \frac{1}{3} = 90.33 \quad (\text{kPa})$$

$\sigma_3 < \sigma_{3f}$，破坏。

6.3 土的抗剪强度指标的试验方法

测定土的抗剪强度指标的试验方法主要有室内剪切试验和现场剪切试验两大类。室内剪切试验常用的方法有直接直剪（剪切）试验、三轴压缩试验和无侧限抗压强度试验等，现场剪切试验常用的方法主要有十字板剪切试验。

6.3.1 直剪试验

直剪试验是测定土的抗剪强度指标的最简单的方法，它所测定的是土样预定剪切面上的抗剪强度。直剪试验所使用的仪器称为直剪仪，按加荷方式的不同，直剪仪可分为应变控制式和应力控制式两种。前者是以等速水平推动试样产生位移并测定相应的剪应力；后者则是对试样分级施加水平剪应力，同时测定相应的位移。我国目前普遍采用的是应变控制式直剪仪，该仪器的主要部件由固定的上盒和活动的下盒组成，试样放在盒内上下两块透水石之间，如图 6.2 所示。试验时，由杠杆系统通过加压活塞和透水石对试样施加某一法向应力，然后等速推动下盒，使试样在沿上下盒之间的水平面上受剪直至破坏，剪应力的大小可借助与下盒接触的量力环测定。

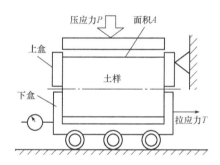

图6.2 应变控制式直剪仪

试验中通常对同一种土取 3 或 4 个试样，分别在不同的法向应力下剪切破坏，可将试验结果绘制成抗剪强度 τ_f 与法向应力 σ 之间的关系，如图 6.3 所示。试验结果表明，对于砂性土，抗剪强度与法向应力之间的关系是一条通过原点的直线；对于黏性土，抗剪强度与法向应力之间也基本呈直线关系，该直线与横轴的夹角为内摩擦角 φ，在纵轴上的截距为黏聚力 c。

直剪试验通过控制剪切速率近似模拟排水条件。

（1）固结慢剪。施加正应力时让土体充分固结；剪切速率很慢，<0.02 mm/分，以保证无超静孔压。

（2）固结快剪。施加正应力时让土体充分固结；3~5 min 剪切破坏。

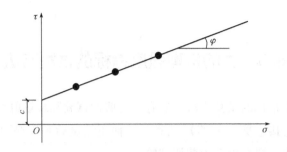

图6.3　直剪试验结果

（3）快剪。施加正应力后立即剪切；3～5 min 剪切破坏。

直剪试验的优点是仪器构造简单、传力明确、操作方便、试样薄、固结快、省时、仪器刚度大，不可能发生横向变形，仅根据竖向变形量就可以计算试样体积的变化。缺点是所受外力状态比较简单，试样内的应力状态又比较复杂，在破坏面上应力、应变分布不均匀。剪切破坏面事先已确定，这不能反映土体实际的破坏情况；还有就是在剪切过程中，土样剪切面逐渐缩小，而在计算抗剪强度时是按土样的原截面计算。另外，直剪在试验过程中无法严格控制排水条件，不能量测孔隙水压力。

6.3.2　三轴压缩试验

三轴压缩试验是测定土抗剪强度的一种较为完善的方法，试验原理如图6.4所示。

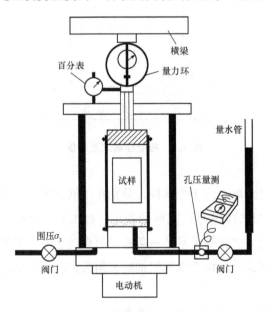

图6.4　三轴压缩仪

在该试验中，土试样是一圆柱体，套在橡胶膜内，置于密封的压力室中，土样三向受压，并使围压在整个试验过程中保持不变，这时件内各向的3个主应力相等，因此不产生剪应力，然后通过上部传力杆对试件施加竖向压力，这样，当压力及其组合达到一定程度时，土样就会按规律产生一个斜向破裂面或沿弱面破裂。

三轴压缩试验过程中土体应力状态是轴对称应力状态，垂直应力 σ_z 一般是大主应力，并且侧向应力总是相等（$\sigma_x = \sigma_y$，且分别为中、小主应力 σ_2、σ_3）。

三轴压缩试验分为两个过程，第一个过程给试样施加围压，试样的应力状态为 $\sigma_1 = \sigma_2 = \sigma_3$，这个过程称作固结；第二个过程是施加应力差 $\Delta\sigma_1 = \sigma_1 - \sigma_3$，这个过程称作剪切。

按土样三向受压的大小组合关系，三轴压缩试验可分为常规三轴试验和真三轴试验。常规三轴压缩试验又可分为常规三轴压缩（$\sigma_1 > \sigma_2 = \sigma_3$）和三轴挤长（$\sigma_1 < \sigma_2 = \sigma_3$）；所谓真三轴试验是指 $\sigma_1 > \sigma_2 > \sigma_3$ 的受压情况。土力学中通常进行常规三轴试验。

在常规三轴试验中，由不同围压 σ_3 的三轴压缩试验，得到破坏时相应的 $(\sigma_1 - \sigma_3)_f$。

分别绘制破坏状态的应力莫尔圆，其公切线即强度包线，可得强度指标 c 与 φ，如图 6.5 所示。

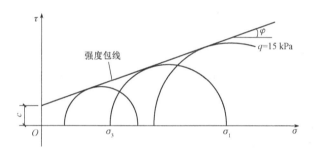

图 6.5　三轴压缩试验莫尔圆破坏强度包线

三轴试验中按剪切前受到围压 σ_3 的固结状态和剪切时的排水条件，分为以下三种方法：

（1）三轴压缩不固结不排水（UU）试验，简称不排水剪试验：试样在施加围压和随后施加竖向压力直至剪切破坏的整个过程中都不允许排水，试验自始至终关闭排水阀门。

（2）三轴压缩固结不排水（CU）试验，简称固结不排水试验：试样在施加围压 σ_3 时打开阀门，允许排水固结，待固结稳定后关闭排水阀门，再施加竖向压力，使试样在不排水的条件下剪切破坏。

（3）三轴压缩固结排水（CD）试验，简称排水试验：试样在施加围压 σ_3 时允许排水固结，待固结稳定后，再在排水条件下施加竖向压力至试样剪切破坏。

三轴压缩试验可严格地控制排水条件以及可以量测试件中孔隙水压力的变化。此外，试件中的应力状态也比较明确，破裂面是最弱处，而不同于直剪试验限定在上下盒之间。

6.3.3　十字板剪切试验

室内的抗剪强度试验要求取得原状土样，由于试样在采取、运送、保存和制备等方面不可避免地受到扰动，特别是对于高灵敏度的软黏性土，室内试验结果的精度受到影响。因此，发展原位测试土性的仪器具有重要意义。在抗剪强度的原位测试方法中，国内广泛应用的是十字板剪切试验，十字板剪切试验装置如图 6.6 所示。

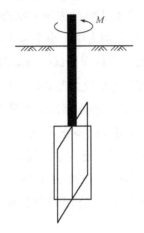

图 6.6 十字板剪切试验装置

十字板是横断面呈十字形、带刃口的金属板。试验时先用钻机钻孔至试验土层以上 75 cm 处，再下套管并用提土器将套管底部的残土清除，或不用钻机将套管直接压入或打入试验土层以上 75 cm 处，再清除管内的土。然后将十字板装在钻杆下端，穿过套管压入试验土层中并尽量避免扰动。再通过地面上的扭力设备对钻杆施加扭矩，使已压入试验土层中的十字板转动至土体被剪坏，切出一个圆柱状的破坏面。根据试验结果按下式计算十字板剪切试验得到的土的抗剪强度 τ_f。

$$\tau_f = \frac{2M}{\pi D^2 \ (H + D/3)} \tag{6.11}$$

式中　H、D——十字板的高度和转动直径；

　　　M——剪切破坏时的扭矩。

6.4 基于三轴试验的孔隙压力系数

根据有效应力原理，给出土中总应力后，求有效应力的问题在于孔隙压力。为此，A·W·斯肯普顿（A. W. Skempton，1954）提出以孔隙压力系数表示孔隙水压力的发展和变化。根据三轴压缩试验结果，引用孔隙压力系数 A 和 B，建立了轴对称应力状态下土中孔隙压力与大、小主应力之间的关系。

图 6.7 表示三轴压缩不固结不排水试验——土单元的孔隙压力的变化过程。设一土单元在各向相等的有效应力作用下固结，初始孔隙水压力 $u = 0$，意图是模拟试样的原位应力状态。如果受到各向相等的压力 $\Delta\sigma_3$ 的作用，孔隙压力的增长为 Δu_3，如果在试样上施加轴向压力增量 $\Delta\sigma_1 - \Delta\sigma_3$，在试样中产生孔隙压力增量为 Δu_1，则在 $\Delta\sigma_3$ 和 $\Delta\sigma_1$ 共同作用下的孔隙压力增量 $\Delta u = \Delta u_3 + \Delta u_1$。根据土的压缩原理，即土体积的变化等于孔隙体积的变化，从而可得出以下结论：

$$\Delta u_3 = B\Delta\sigma_3$$
$$\Delta u = \Delta u_3 + \Delta u_1 = B\left[\Delta\sigma_3 + A\left(\Delta\sigma_1 - \Delta\sigma_3\right)\right]$$

式中 B——在各向应力相等条件下的孔隙压力系数；

A——在偏应力增量作用下的孔隙压力系数。

对于饱和土，$B = 1$；对于干土，$B = 0$；对于非饱和土，$0 < B < 1$。土的饱和度越小，B 也越小。

A 的大小受很多因素的影响，它随偏应力的增加呈非线性变化，高压缩性土的 A 较大。

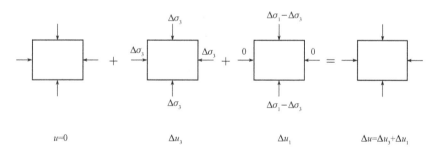

图 6.7 三轴压缩试验孔隙压力的变化过程

6.5 抗剪强度指标的选择

6.5.1 抗剪强度指标的类型

（1）根据应力分析方法，抗剪强度指标分为有效应力指标和总应力指标。

抗剪强度的有效应力指标为 c'、φ'，用有效应力指标表示的库仑公式为

$$\tau_f = c' + \sigma' \tan\varphi' \tag{6.12}$$

这个公式符合土的破坏机理，但有时孔隙水压力 u 无法确定。

抗剪强度的总应力指标为 c、φ，用总应力指标表示的库仑公式为

$$\tau_f = c + \sigma \tan\varphi \tag{6.13}$$

这是一种"全额生产率"的概念，因 u 不能产生抗剪强度，不符合强度机理。在无法确定 u 时便于应用，但要符合工程条件。

（2）根据试验方法，抗剪强度指标可分为三轴试验指标与直剪试验指标，见表6.1。

表6.1 土的抗剪强度试验指标汇总表

类型	施加围压	施加偏应力	量测	强度指标
固结排水（CD）	固结	排水	体变	c_d, φ_d
固结不排水（CU）	固结	不排水	孔隙水压力	c_{cu}, φ_{cu} c', φ'

试验类型	试验方法	强度指标
慢剪	施加正应力—充分固结 慢剪，保证无超静孔压	c_s, φ_s
固结快剪	施加正应力—充分固结 快剪，3~5 min剪坏	c_{cq}, φ_{cq}
快剪	施加正应力后不固结， 立即快剪，3~5 min剪坏	c_q、φ_q

6.5.2 土的抗剪强度指标的选择原则

1. 有效应力指标与总应力指标的选择

（1）凡是可以确定（测量、计算）孔隙水压力 u 的情况，都应当使用有效应力指标 c'、φ'。

（2）采用总应力指标时，应根据现场土体可能的固结排水情况，选用不同的总应力强度指标。

2. 直剪试验与三轴压缩试验指标的选择

（1）应优先采用三轴压缩试验指标。

（2）应按照不同土类和不同的固结排水条件，合理选用直剪试验指标。

①砂土：c'、φ'：三轴 CD 试验与直剪试验（直剪偏大）。

②黏性土：

a. 有效应力指标：三轴 CD 或 CU 试验。

b. 总应力指标：三轴 CU、UU 试验，或直剪试验。

复习思考题

1. 同种土的抗剪强度是一个定值吗？为什么？

2. 黏性土的黏聚力强度的影响因素是什么？

3. 简述屈服、强度、破坏的概念。

4. 绘制各个强度准则的强度包线。

5. 简述直剪试验、三轴压缩试验的优缺点。

6. 如何选择合适的抗剪试验方法？

7. 简述孔隙压力系数的物理意义。

8. 在三轴 UU 和 CU 试验中孔隙压力系数的区别是什么？

9. 简述抗剪强度指标的选用原则。

第7章

土压力

房屋建筑、桥梁、道路以及水利等工程广泛使用防止土体坍塌的构筑物，如支撑建筑物周围填土的挡土墙、地下室侧墙、桥台以及储藏粒状材料的挡土墙等，还有深基坑开挖支护墙以及隧道、水闸、驳岸等构筑物的挡土墙。而对于挡土墙来讲，土压力是其主要的外载荷，因此设计挡土墙时首先要确定土压力的性质、大小、方向和作用点。

7.1　土压力的类型

土压力通常是指挡土墙后的填土因自重或外载荷作用而对墙背产生的侧压力。土压力的大小及其分布规律与墙体可能的位移方向、墙背填土的种类、填土面的形式、墙的截面刚度和地基的变形等一系列因素有关。

在实验室里，可以通过挡土墙的模型试验，量测挡土墙不同位移方向产生的土压力大小。在一个长形槽中部插上一块刚性板，在板的一侧安装土压力盒，并使填土板的另一侧临空。当挡板静止不动时，测得板上的土压力为 E_0。如将挡板向离开填土方向移动或转动，测得的土压力数值减小为 E_a；若将挡板推向填土方向，土压力逐渐增大，当墙后土体发生滑动时达到最大值 E_p，土压力随挡土墙位移而变化的情况如图 7.1 所示。

根据墙的位移情况和墙后土体所处的应力状态，土压力可分为以下三种：

（1）主动土压力。当挡土墙向离开土体方向偏移至土体达到极限平衡状态时，作用在墙上的土压力称为静止土压力，用 E_a 表示。

（2）被动土压力。当挡土墙向土体方向偏移至土体达到极限平衡状态时，作用在墙上的土压力称为被动土压力，用 E_p 表示。

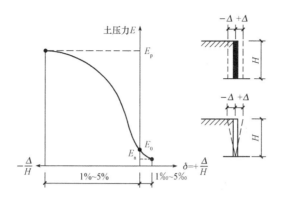

图 7.1　挡土墙位移与土压力关系

（3）静止土压力。当挡土墙静止不动，土体处于弹性平衡状态时，作用在墙上的土压力称为静止土压力，用 E_0 表示。

7.2 静止土压力

根据定义，静止土压力产生时，墙体不发生任何位移，即 $\delta = 0$，则墙后填土相当于天然地基土的应力状态（侧限状态），在填土表面下任意深度 z 处取一微单元体，其上应力状态如图 7.2 所示。

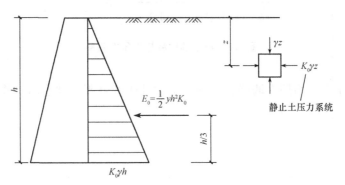

图 7.2　静止土压力图示

$$\sigma_V = \gamma z \tag{7.1}$$

$$\sigma_h = K_0 \gamma z \tag{7.2}$$

式中　K_0——静止土压力系数；对于侧限应力状态，理论上 $K_0 = \nu / (1 - \nu)$；对于砂土、正常固结黏性土，$K_0 = 1 - \sin\varphi'$。

作用在墙背上的土压力强度，

$$p_0 = \sigma_h = K_0 \gamma z \tag{7.3}$$

所以土压力的分布沿墙高呈三角形分布。如果取单位墙长，则作用在墙上的静止土压力

$$E_0 = \frac{1}{2} \gamma H^2 K_0 \tag{7.4}$$

作用点距墙底 $\dfrac{H}{3}$ 处。

7.3　朗肯土压力理论

朗肯土压力理论是根据半空间的应力状态和土的极限平衡条件而得出的土压力计算方法。它分析在自重应力作用下，半无限土体内各点的应力从弹性平衡状态发展为极限平衡状态的情况。

设半无限土体中距地表深度为 z 的一点 M，当整个土体都处于静止状态时，各点都处于弹性平衡状态。则 M 点的应力状态如图 7.3 所示。

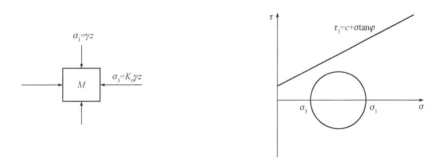

图 7.3　M 点的应力状态

由于该点处于弹性平衡状态，故莫尔圆没有和抗剪强度包线相切。设想由于某种原因，整个土体在水平方向上均匀地伸展或压缩，使土体由弹性平衡状态转为极限平衡状态。如果土体在水平方向伸展，则 M 单元竖直截面上的法向应力 σ_3 逐渐减少，而水平截面上的法向应力 σ_1 是不变的，当满足极限平衡状态时，即莫尔圆与抗剪强度包线相切，此时达到主动朗肯状态；如果土体在水平方向均匀地压缩，则水平面上的法向应力 σ_1 不变，而竖直截面上的法向应力 σ_3 逐渐增大，当满足极限平衡状态时，即莫尔圆与抗剪强度包线相切，此时达到被动朗肯状态。

朗肯将上述原理应用于挡土墙土压力计算中，设想用墙背直立的挡土墙代替半空间左边的土，则墙背与土的接触面上满足剪应力为零的边界应力条件以及产生主动或被动朗肯状态的边界条件，由此可以推导出主动和被动土压力计算公式。

7.3.1　朗肯主动土压力

如图 7.4 所示，设挡土墙的墙背光滑、直立，填土面水平。当墙体偏移土体时，由于墙背任意深度 z 处竖向应力 $\sigma_1 = \gamma z$ 不变，水平应力 σ_3 逐渐减少直到产生主动朗肯状态，σ_3 变为 σ_{3f} 即主动土压力强度 p_a，由极限平衡条件可得

$$p_a = \sigma_{3f} = \gamma z \tan^2 \left(45° - \varphi/2\right) - 2\tan\left(45° - \varphi/2\right) \tag{7.5}$$

令 $K_a = \tan^2\left(45° - \varphi/2\right)$，则

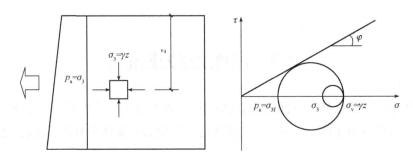

图 7.4　主动土压力的计算图

$$p_a = \gamma z K_a - 2c\sqrt{K_a} \tag{7.6}$$

式中　K_a——朗肯主动土压力系数；

　　　γ——墙后填土的重度（kN/m^3），地下水位以下采用浮重度；

　　　c——填土的黏聚力（kPa）；对于无黏性土，$c = 0$；

　　　φ——填土的内摩擦角（°）；

　　　z——计算点离填土面的深度（m）。

如取单位墙长计算，则无黏性土的主动土压力为

$$E_a = \frac{1}{2}\gamma H^2 \tan^2\left(45° - \frac{\varphi}{2}\right) \tag{7.7}$$

E_a 通过三角形的形心，即作用在离墙底 $\dfrac{H}{3}$ 处。

主动土压力的分布如图 7.5、图 7.6 所示。

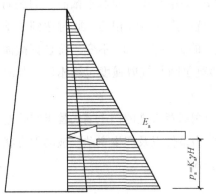

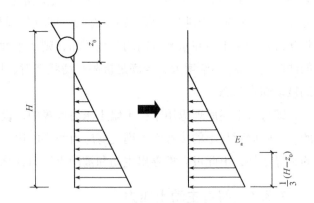

图 7.5　无黏性土主动土压力分布图　　　　图 7.6　黏性土主动土压力分布图

7.3.2　朗肯被动土压力

当墙受到外力作用而推向土体时，填土中任意一点的竖向应力 $\sigma_z = \gamma z$ 仍不变，而水平向应力逐渐增大，直至出现被动朗肯状态。水平面上的应力变为大主应力，它是被动土压力

强度 p_p，于是由极限平衡条件可得

$$p_p = \sigma_1 = \gamma z K_p + 2c\sqrt{K_p} \tag{7.8}$$

式中，$K_p = \tan^2\left(45° + \dfrac{\varphi}{2}\right)$，称为朗肯被动土压力系数。其余符号意义同前。

如取单位墙长计算，则被动土压力可由下式计算：

$$E_p = \frac{1}{2}\gamma H^2 K_p + 2cH\sqrt{K_p} \tag{7.9}$$

E_p 通过三角形或梯形压力分布图的形心。

7.3.3 几种特殊情况下的朗肯土压力计算

1. 填土表面有连续均布载荷 q 时的朗肯土压力计算

当填土表面有连续均布载荷 q 时，将其换算成当量土重量后按无载荷时的公式进行计算，推导后主动土压力计算公式如下：

黏性土：$p_a = (\gamma z + q)K_a - 2c\sqrt{K_a}$ $\qquad(7.10)$

砂性土：$p_a = (\gamma z + q)K_a$ $\qquad(7.11)$

2. 成层填土中的朗肯土压力计算

当墙后土体成层分布且具有不同的物理力学性质时，常用近似方法计算土压力。假设各层土的分层面与土体表面平行，自上而下按层计算土压力，求下层土的土压力时可将上面各层土的重量当作均布载荷对待。

在土层分界面上，由于两层土的抗剪强度指标不同，如上层土的抗剪强度指标为 c_1、φ_1，下层的抗剪强度指标为 c_2、φ_2，则主动土压力沿深度的分布图中在土层分界处有突变，如图 7.7 所示。

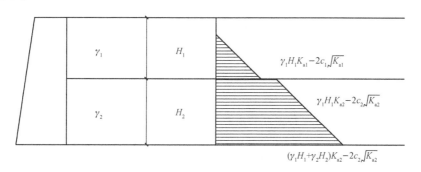

图 7.7 成层土的主动土压力计算

3. 墙后填土中有地下水时的朗肯土压力计算

计算墙体受到的总的侧向压力时，对地下水位以下部分的水、土压力，一般采用水土分算和水土合算两种方法。对砂性土和粉土，可按水土分算原则进行，即分别计算水压力和土压力，然后两者叠加；对黏性土，可根据现场情况和工程经验，按水土分算或水土合算

进行。

（1）水土分算。采用有效重度 γ' 计算主动土压力，按静压力计算水压力；然后两者叠加即总的侧压力。

黏性土：$p_a = \gamma' H K'_a - 2c' \sqrt{K'_a} + \gamma_w h_w$ （7.12）

砂性土：$p_a = \gamma' H K'_a + \gamma_w h_w$ （7.13）

（2）水土合算。对地下水位下的黏性土，采用饱和重度 γ_{sat} 计算总的水土压力，即

$$p_a = \gamma_{sat} H K_a - 2c \sqrt{K_a}$$ （7.14）

式中 K_a——按总应力强度指标计算的主动土压力系数。

【例7.1】某挡土墙的墙壁光滑，墙高8 m，墙后两层土，土的性质如图7.8所示。填土表面作用有 100 kPa 的连续均布载荷。

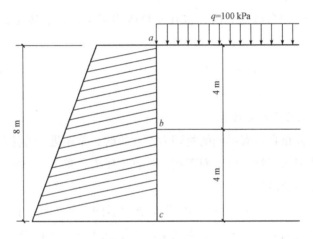

图7.8　例7.1图

（1）试求作用在墙上的主动土压力强度；

（2）计算总的主动土压力及作用点位置；

（3）画沿墙高的主动土压力分布图以及总的主动土压力，并标出总的主动土压力距墙底的位置。

解：（1）ab 段墙体的主动土压力强度：

$$K_{a1} = \tan^2\left(45° - \frac{\varphi_1}{2}\right) = \tan^2\left(45° - \frac{30°}{2}\right) = \frac{1}{3}$$

$$p_a = (\gamma z + q) K_{a1} - 2c_1 \sqrt{K_{a1}} = 18 \times \frac{1}{3} \times z + 100 \times \frac{1}{3} = 6z + 33.33$$

bc 段墙体的主动土压力强度：

$$K_{a2} = \tan^2\left(45° - \frac{\varphi_2}{2}\right) = \tan^2\left(45° - \frac{20°}{2}\right) = 0.49$$

$$p_a = (\gamma_2 z + q + \gamma_1 H_1) K_{a2} - 2c_2 \sqrt{K_{a2}} = (19z + 100 + 18 \times 4) \times 0.49 = 9.31z + 84.28$$

（2）总的主动土压力：

$$E_a = \frac{(33.33 + 57.33)}{2} \times 4 + \frac{(84.28 + 121.52)}{2} \times 4 = 592.92 \text{（kN/m）}$$

设距墙底的距离为 x，则

$$x = \frac{33.33 \times 4 \times 6 + 0.5 \times 24 \times 4 \times 5.33 + 84.28 \times 4 \times 2 + 0.5 \times 37.24 \times 4 \times 1.33}{592.92}$$

$$= 3.08 \text{（m）}$$

（3）土压力沿墙高的分布图如图 7.9 所示。

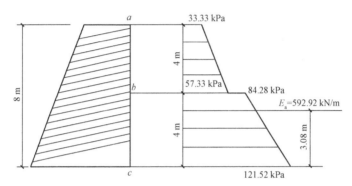

图 7.9　土压力沿墙高的分布图

7.4 库仑土压力理论

库仑土压力理论是根据墙后土体处于极限平衡状态并形成一滑动楔体时，从楔体的静力平衡条件得出的土压力计算理论。

库仑土压力的基本假定：①墙后的填土是理想的散粒体（$c = 0$）；②滑动破坏面是一平面。

7.4.1 库仑主动土压力的计算

如图 7.10 所示，当挡土墙向前移动或转动而使墙后土体沿某一破坏面 BC 破坏时，则土楔体 ABC 向下滑动而处于主动极限平衡状态。此时，作用于土楔体 ABC 上的力如下：

（1）土楔体的自重 $G = V_{\triangle ABC} \cdot \gamma$，$\gamma$ 为填土的重度，只要破坏面 BC 的位置确定，G 的大小就是已知值，其方向向下。

（2）破坏面 BC 上的反力 R，其大小是未知的。反力 R 与破坏面 BC 的法线 N_1 之间的夹角等于土的内摩擦角 φ，并位于 N_1 的下侧。

（3）墙背对土楔体的反力 E，与它大小相等、方向相反的作用力就是墙背上土压力。反力 E 的方向必与墙背的法线 N_2 成 δ 角，δ 角为墙背与填土之间的摩擦角，称为外摩擦角。当土体下滑时，墙对土楔体的阻力是向上的，故反力 E 必在 N_2 的下侧。

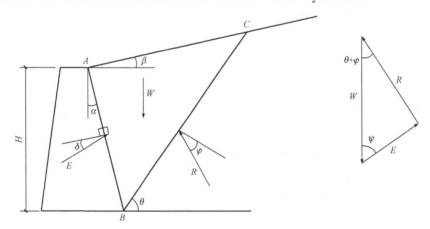

图 7.10 库仑主动土压力求解示意图

土楔体在三力作用下处于静力平衡状态，因此必构成一闭合的力矢三角形，从而可推出 E 的表达式：

$$E = \frac{W\sin(\theta - \varphi)}{\sin[180° - (\theta - \varphi + \psi)]} = f(\theta) \tag{7.15}$$

其中，$\psi = 90° - \delta - \alpha$。

θ 是滑动面 BC 与水平面的夹角,是任意假定的,因此,假定不同的滑动面可以得出一系列相应的土压力 E,则 E 的最大值 E_{max} 即墙背的主动土压力,其所对应的滑动面即土楔最危险的滑动面。为求主动土压力,可用微分学中求极值的方法求 E 的最大值。可令 $\mathrm{d}E/\mathrm{d}\theta = 0$,从而解得使 E 为极大值时填土的破坏角 θ_{cr},将 θ_{cr} 代入上式即可得到库仑主动土压力公式的一般表达式:

$$E_a = \frac{1}{2}\gamma H^2 K_a \tag{7.16}$$

式中,$K_a = \dfrac{\cos^2\ (\varphi - \alpha)}{\cos^2\alpha\cos\ (\alpha + \delta)\ \left[1 + \sqrt{\dfrac{\sin\ (\varphi + \delta)\ \sin\ (\varphi - \beta)}{\cos\ (\alpha + \delta)\ \cos\ (\alpha - \beta)}}\right]^2}$,$K_a$ 称为库仑主动土压力系数。

当填土面水平、墙背竖直,以及墙背光滑时,也即 $\beta = 0$、$\alpha = 0$、$\delta = 0$ 时,则库仑主动土压力系数公式与朗肯主动土压力系数公式相同。

E_a 的作用方向与墙背法线成 δ 角,其作用点在墙高的 $\dfrac{1}{3}$ 处。

7.4.2 库仑被动土压力的计算公式

若挡土墙在外力作用下推向填土,当墙后土体达到极限平衡状态时,假定滑动面为 BC 面,如图7.11所示。

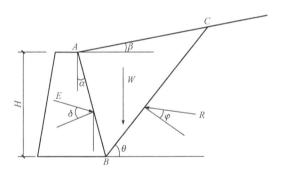

图7.11 库仑被动土压力法求解示意图

同理作用于滑楔体 ABC 上的力如下:

(1)土楔体的自重 $G = V_{\triangle ABC} \cdot \gamma$,$\gamma$ 为填土的重度,只要破坏面 BC 的位置确定,G 的大小就是已知值,其方向向下。

(2)破坏面 BC 上的反力 R,其大小是未知的。反力 R 与破坏面 BC 的法线 N_1 之间的夹角等于土的内摩擦角 φ,并位于 N_1 的上侧。

(3)墙背对土楔体的反力 E,与它大小相等、方向相反的作用力就是墙背上土压力。反力 E 的方向必与墙背的法线 N_2 成 δ 角,δ 角为墙背与填土之间的摩擦角,称为外摩擦角。当土体向上挤出隆起时,反力 E 必在 N_2 的上侧。

这样得到滑楔体 ABC 的力矢三角形，如图 7.12 所示，由正弦定理求极值，可得库仑被动土压力的计算公式：

$$E_p = \frac{1}{2}\gamma H^2 K_p \qquad (7.17)$$

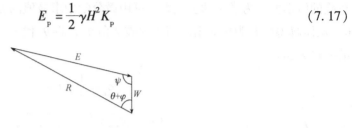

图 7.12　力矢三角形

其中，K_p 称为库仑被动土压力系数，计算公式如下：

$$K_p = \frac{\cos^2\ (\varphi + \alpha)}{\cos^2\alpha\cos\ (\alpha - \delta)\ \left[1 - \sqrt{\dfrac{\sin\ (\varphi + \delta)\ \sin\ (\varphi + \beta)}{\cos\ (\alpha - \delta)\ \cos\ (\alpha - \beta)}}\ \right]^2}$$

E_p 的作用方向与墙背法线成 δ 角，被动土压力强度沿墙高直线分布。

7.4.3　几种特殊情况下的库仑土压力计算

1. 地面载荷作用下的库仑土压力

挡土墙后的土体表面常作用有不同形式的载荷，这些载荷将使作用在墙背上的土压力增大。土体表面若有满布的均布载荷 q_0，可将均布载荷换算为土体的当量厚度 $h_0 = \dfrac{q_0}{\gamma}$（$\gamma$ 为土体重度），然后用无载荷作用时的情况求出土压力强度和总土压力。

2. 成层土体中的库仑土压力

当墙后土体成层分布且具有不同的物理力学性质时，常用近似方法计算土压力。假设各层土的分层面与土体表面平行，自上而下按层计算土压力，求下层土的土压力时，可将上面各层土的重量当作均布载荷对待。

3. 黏性土中的库仑土压力

黏性土中的库仑土压力可用等代内摩擦角法计算，就是将黏性土的黏聚力折算成内摩擦角，经折算后的内摩擦角称为等效内摩擦角或等值内摩擦角，用 φ_D 表示，目前工程中采用下面两种方法来计算 φ_D。

（1）根据抗剪强度相等的原理，等效内摩擦角 φ_D 可从土的抗剪强度曲线上，通过作用于基坑底面标高上的土中垂直应力 σ_t 求出。

$$\varphi_D = \arctan\left(\tan\varphi + \frac{c}{\sigma_t}\right) \qquad (7.18)$$

（2）根据土压力相等的概念来计算等效内摩擦角 φ_D。

$$\varphi_D = 2\left\{45° - \arctan\left[\tan\left(45° - \frac{\varphi}{2}\right) - \frac{2c}{\gamma H}\right]\right\} \qquad (7.19)$$

4. 车辆载荷作用下的土压力

在桥台或挡土墙设计时，应考虑车辆载荷引起的土压力。其计算原理是按照库仑土压力理论，把填土破坏棱体（滑动楔体）范围内的车辆载荷，用一个均布载荷（或换算成等代均布土层）来代替，然后用库仑土压力公式计算。

7.5　两种土压力的比较

朗肯土压力理论和库仑土压力理论分别根据不同的假设，以不同的分析方法计算土压力，只有在最简单的情况下（$\alpha = 0$，$\beta = 0$，$\delta = 0$），用这两种理论计算的结果才相同，否则将得出不同的结果。

朗肯土压力理论应用半空间中的应力状态和极限平衡理论的概念比较明确，公式简单，便于记忆，对于黏性土、粉土和无黏性土，都可以用公式直接计算，故在工程中得到广泛应用。但为了使墙后的应力状态符合半空间的应力状态，必须假设墙背是直立的、光滑的，墙后填土是水平的，因而其他情况时计算繁杂，并由于该理论忽略了墙背与填土之间的摩擦影响，计算的主动土压力偏大，而计算的被动土压力偏小。

库仑土压力理论根据墙后滑动土楔体的静力平衡条件推导得出土压力计算公式，考虑了墙背与土之间的摩擦力，并可用于墙背倾斜、填土面倾斜的情况，但由于该理论假设填土是无黏性土，因此不能用库仑土压力理论的原始公式直接计算黏性土或粉土的土压力。库仑土压力理论假设墙后填土破坏时，破坏面是一平面，而实际上是一曲面，试验证明，在计算主动土压力时，只有当墙背的斜度不大，墙背与填土之间的摩擦角较小时，破坏面才接近一平面，因此，计算结果与按曲线滑动面计算的结果有出入。在通常情况下，这种偏差在计算主动土压力时一般为 $10\% \sim 20\%$，可以认为已满足实际工程所要求的精度。

复习思考题 \\\

1. 比较三种土压力的大小。
2. 比较三种土压力发生时，墙后填土的应力状态。
3. 静止土压力属于哪种平衡状态？其特点是什么？
4. 静止土压力的系数的确定方法是什么？
5. 何为朗肯极限平衡状态？
6. 墙后填土分层时，土压力分布图形有什么特点？产生的原因是什么？
7. 简述库仑土压力理论的推导过程。
8. 库仑土压力理论的适用条件是什么？
9. 简述两种土压力理论的思路。

第 8 章

土坡稳定分析

　　土坡是指具有倾斜坡面的土体。当土坡的顶面与底面都是水平的，并延伸至无穷远，且由均质土组成时，这样的土坡称为简单土坡。图 8.1 给出了简单土坡各部分的名称。土木工程中经常遇到各类土坡，包括天然土坡（山坡、河岸、湖边等）、人工土坡（基坑开挖、填筑路基、堤坝等），如果这些土坡处理不当，一旦失稳产生滑坡，不仅影响工程进度，甚至危及人民生命安全，所以土坡稳定问题是土木工程建设中十分重要的问题。

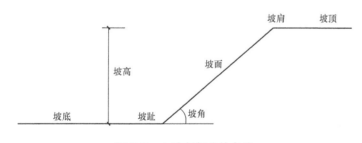

图 8.1　土坡各部分的名称

　　影响土坡稳定的因素很多，包括土坡的边界条件、土质条件和外界条件等，但其根本原因是土体内部某个面上的剪应力达到了抗剪极限，使稳定平衡遭到破坏。

　　土坡滑动失稳的原因一般有以下两类：

　　（1）外界力的作用破坏了土体内原来的应力平衡状态。如基坑的开挖，由于地基内自身重力发生变化，改变了土体原来的应力平衡状态；又如路堤的填筑、土坡顶面上作用外载荷、土体内水的渗流、地震力的作用等也都会破坏土体内原有的应力平衡状态，导致土坡坍塌。

　　（2）土的抗剪强度由于受到外界各种因素的影响而降低，促使土坡失稳破坏。例如外界气候等自然条件的变化，使土时干时湿、收缩膨胀、冻结、融化等，从而使土变松，强度降低；土坡内因雨水的浸入，使土湿化，强度降低；土坡附近因打桩、爆破或地震力的作用引起土的液化或触变，使土的强度降低。

8.1　无黏性土土坡的稳定性分析

在分析无黏性土土坡的稳定性时，一般均假定滑动面是平面。

图 8.2 所示为一简单无黏性土坡，坡角为 β，砂土内摩擦角为 φ，土坡高为 H。若假定滑动面是通过坡脚 A 的平面 AC，AC 的倾角为 α，则可计算滑动土体 ABC 沿 AC 面上滑动的稳定安全系数 K。

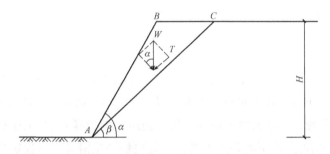

图 8.2　无黏性土土坡的稳定性分析

沿土坡长度方向截取单位长度土坡，作为平面应变问题予以分析。已知滑动土体 ABC 的重力为

$$W = \gamma \times V_{\triangle ABC} \tag{8.1}$$

W 在滑动面 AC 上的平均法向分力 N 及由此产生的抗滑力 T_f 为

$$N = W\cos\alpha, \quad T_f = N\tan\varphi = W\cos\alpha\tan\varphi \tag{8.2}$$

W 在滑动面 AC 上产生的平均下滑力 T 为

$$T = W\sin\alpha \tag{8.3}$$

土坡的滑动稳定安全系数 K 为

$$K = \frac{T_f}{T} = \frac{W\cos\alpha\tan\varphi}{W\sin\alpha} = \frac{\tan\varphi}{\tan\alpha} \tag{8.4}$$

土坡的滑动稳定安全系数 K 随倾角 α 而变化，当 $\varphi = \alpha$ 时，滑动稳定安全系数最小。据此，砂性土土坡的滑动稳定安全系数可取

$$K = \frac{\tan\varphi}{\tan\alpha} \tag{8.5}$$

工程中一般要求 $K \geqslant 1.25 \sim 1.30$。上述安全系数公式表明，砂性土土坡所能形成的最大坡角就是砂土的内摩擦角，根据这一原理，工程上可以通过堆砂锥体法确定砂土的内摩擦角（也称为砂土的自然休止角）。

8.2　黏性土土坡的稳定性分析

黏性土土坡常用的稳定分析方法有整体圆弧滑动法、瑞典条分法和折线滑动法等。在分析黏性土土坡稳定性时，常常假定土坡是沿着圆弧破裂面滑动，以简化土坡稳定验算的方法。

8.2.1　均质土坡的整体稳定分析法

对于均质简单土坡，其圆弧滑动体的稳定分析可采用整体稳定分析法进行。

分析图 8.3 所示均质简单土坡，若可能的圆弧滑动面为 AD，其圆心为 O，滑动圆弧半径为 R。滑动土体 $ABCD$ 的重力为 W，它是促使土坡滑动的滑动力。沿着滑动面 AD 上分布土的抗剪强度 τ_f 将形成抗滑力 T_f。将滑动力 W 及抗滑力 τ_f 分别对滑动面圆心 O 取矩，得滑动力矩 M_s 及抗滑力矩 M_r 为

$$M_s = Wa \tag{8.6}$$

$$M_r = T_f R = \tau_f \overset{\frown}{L} R \tag{8.7}$$

式中　a——W 对 O 点的力臂（m）；

$\overset{\frown}{L}$——滑动圆弧 AD 的长度（m）。

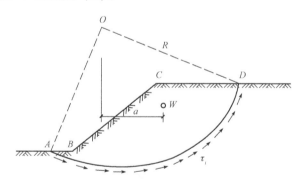

图 8.3　均质简单土坡的整体稳定性分析

土坡的滑动稳定安全系数 K 可以用抗滑力矩 M_r 与滑动力矩 M_s 的比值表示，即

$$K = \frac{M_r}{M_s} = \frac{\tau_f \overset{\frown}{L} R}{Wa} \tag{8.8}$$

由于滑动面上的正应力 σ 是不断变化的，上式中土的抗剪强度 τ_f 沿滑动面 AD 上的分布是不均匀的，因此直接按上式计算土坡的滑动稳定安全系数会有一定误差。另外，滑动面 AD 是任意假定的，需要试算许多个可能的滑动面，找出最危险滑动面即相应于最小滑动稳

定安全系数 $K_{\min}$ 的滑动面。

8.2.2 黏性土土坡稳定分析的瑞典条分法

由于整体分析法对于非均质的土坡或比较复杂的土坡（如土坡形状比较复杂，或土坡上有载荷作用，或土坡中有水渗流时等）均不适用，费伦纽斯（W. Fellenius, 1927）等提出了黏性土土坡稳定分析的条分法，即瑞典条分法。

1. 瑞典条分法的基本原理

如图 8.4 所示，取单位长度土坡按平面问题计算。设可能的滑动面是一圆弧 AD，其圆心为 O，半径为 R。将滑动土体 $ABCDA$ 分成许多竖向土条，土条宽度一般可取 $b = 0.1R$。

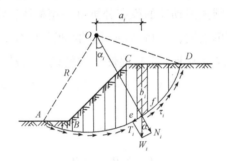

图 8.4　土坡稳定分析的瑞典条分法

瑞典条分法假设不考虑土条两侧的条间作用力效应，由此得出土条 i 上的作用力对圆心 O 产生的滑动力矩 M_s 及抗滑力矩 M_r 分别为

$$M_s = T_i R_i = W_i R \sin\alpha_i \tag{8.9}$$

$$M_r = \tau_{fi} l_i R = (W_i \cos\alpha_i \tan\varphi_i + c_i l_i) R \tag{8.10}$$

而整个土坡相应于滑动面 AD 时的滑动稳定安全系数为

$$K = \frac{M_r}{M_s} = \frac{\sum\limits_{i=1}^{n}(W_i \cos\alpha_i \tan\varphi_i + c_i l_i)}{\sum\limits_{i=1}^{n} W_i \sin\alpha_i} \tag{8.11}$$

条分法中土条 i 上的作用力计算公式推导过程如下（图 8.5）：

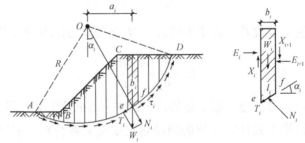

图 8.5　条分法计算图示

任一土条 i 上的作用力包括：土条的重力 W_i，其大小、作用点位置及方向均已知；滑动面 ef 上的法向反力 N_i 及切向反力 T_i，假定 N_i、T_i 作用在滑动面 ef 的中点，它们的大小均未知；土条两侧的法向反力 E_i、E_{i+1} 及竖向剪切力 X_i、X_{i+1}，其中 E_i 和 X_i 可由前一个土条的平衡条件求得，而 E_{i+1} 和 X_{i+1} 的大小未知，E_{i+1} 的作用点位置也未知。

由此看到，土条 i 的作用力中有 5 个未知数，但只能建立 3 个平衡条件方程，故为非静定问题。为了求得 N_i、T_i，必须对土条两侧作用力的大小和位置作适当假定。瑞典条分法假设不考虑土条两侧的作用力，也即假设 E_i 和 X_i 的合力等于 E_{i+1} 和 X_{i+1} 的合力，同时它们的作用线重合，因此土条两侧的作用力相互抵消。这时土条 i 仅有作用力 W_i、N_i 及 T_i，根据平衡条件可得

$$N_i = W_i\cos\alpha_i , \quad T_i = W_i\sin\alpha_i \tag{8.12}$$

滑动面 ef 上土的抗剪强度为

$$\tau_{fi} = \sigma_i\tan\varphi_i + c_i = \frac{1}{l_i}\ (N_i\tan\varphi_i + c_i l_i)\ = \frac{1}{l_i}\ (W_i\cos\alpha_i\tan\varphi_i + c_i l_i) \tag{8.13}$$

式中　α_i——土条 i 滑动面的法线（半径）与竖直线的夹角（°）；

l_i——土条 i 滑动面 ef 的弧长（m）；

c_i、φ_i——滑动面上土的黏聚力及内摩擦角。

于是土条 i 上的作用力对圆心 O 产生的滑动力矩 M_s 及抗滑力矩 M_r 分别为

$$M_s = T_i R_i = W_i R\sin\alpha_i \tag{8.14}$$

$$M_r = \tau_{fi} l_i R = (W_i\cos\alpha_i\tan\varphi_i + c_i l_i)\ R \tag{8.15}$$

2. 最危险滑动面圆心位置的确定

上述滑动稳定安全系数 K 是对某一个假定滑动面求得的，因此需要试算许多个可能的滑动面，相应于最小滑动稳定安全系数的滑动面即最危险滑动面。也可以采用费伦纽斯提出的方法近似确定最危险滑动面圆心位置，如图 8.6 所示，但当坡形复杂时，一般还是采用电算搜索的方法确定。

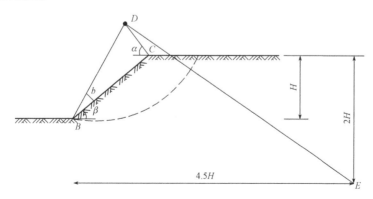

图8.6　费伦纽斯提出的近似确定最危险滑动面圆心位置的方法

8.3 关于土坡稳定分析的几个问题

8.3.1 挖方边坡与天然边坡

天然地层的土质与构造比较复杂，这些土坡与人工填筑土坡相比，性质上有所不同。对于正常固结及超固结黏性土土坡，按上述的稳定分析方法，得到土坡的滑动稳定安全系数，比较符合实测结果。但对于超固结裂隙黏性土土坡，采用与上述相同的分析方法，会得出不正确的结果。

8.3.2 土的抗剪强度指标值的选用

土的抗剪强度指标值选用应合理。指标值过高，有发生滑坡的可能；指标值过低，没有充分发挥土的强度，就工程而言，不经济。在实际工程中，应结合边坡的实际加荷情况、填料的性质和排水条件等，合理地选用土的抗剪强度指标。

如果能准确知道土中孔隙水压力分布情况，采用有效应力法比较合理。对于重要的工程，应采用有效强度指标进行核算。在控制土坡稳定的各个时期，应分别采用不同试验方法的强度指标。

8.3.3 土坡的滑动稳定安全系数的选用

影响土坡的滑动稳定安全系数的因素很多，如抗剪强度指标值的选用、计算方法和计算条件的选择等。工程等级越高，所需要的土坡的滑动稳定安全系数越大。

目前，对于土坡的滑动稳定安全系数，各个部门有不同的规定。同一土坡稳定分析，选用不同的试验方法、不同的稳定分析方法，会得到不同的土坡的滑动稳定安全系数。

复习思考题

1. 坡高影响无黏性土土坡的稳定性吗？
2. 何为无黏性土土坡的自然休止角？
3. 简述土坡的滑动圆弧滑动面的整体稳定分析原理。
4. 简述土坡稳定安全系数的意义。
5. 比较黏性土土坡稳定分析方法的异同点。

第 9 章

地基承载力

土木工程中建筑物或构筑物在整个使用年限内都要求地基稳定，要求地基不致因承载力不足、渗透破坏而失去稳定性，也不致因变形过大而影响正常使用。地基承载力是指地基承担载荷的能力。在载荷作用下，地基要产生变形，随着载荷的增大，地基变形逐步增大，初始阶段地基土中应力处于弹性平衡状态，具有安全承载能力。当载荷增大，地基中局部出现塑性区时，只要塑性区在一定的范围内，地基尚能趋于稳定，仍具有安全承载能力。此时，地基变形若不超过建筑物变形允许值，则可继续加荷。当载荷继续增大，地基出现较大范围的塑性区时，将显示地基承载力不足而失稳。此时地基达到极限承载能力。

地基承载力问题是土力学中一个重要的研究课题，其研究目的是掌握地基承载规律，充分发挥地基的承载能力，合理确定地基承载力，确保地基不致因载荷作用而发生剪切破坏，产生变形过大而影响建筑物或构筑物的正常使用。因此，地基承载力的概念应该包含建筑物对地基的要求：①变形在允许变形要求范围内；②基底压力在地基承载能力范围内。

9.1 浅基础地基破坏模式

9.1.1 地基剪切破坏的三种模式

在载荷作用下地基因承载力不足引起的破坏，一般由地基土的剪切破坏引起。试验研究表明，浅基础地基破坏模式有三种：整体剪切破坏、局部剪切破坏和冲剪破坏。

1. 整体剪切破坏

整体剪切破坏是一种在浅基础载荷作用下地基发生连续剪切滑动面的地基破坏模式，其概念最早由 L·普朗特尔提出。整体剪切破坏的破坏特征是：地基内产生塑性变形区，随着载荷增加，塑性变形区发展成连续的滑动面，达到极限载荷后，基础急剧下沉，可能向一侧倾斜，基础两侧地面明显隆起，如图9.1所示。

整体剪切破坏一般在密砂和坚硬的黏性土中最有可能发生。

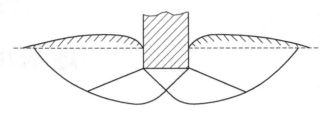

图9.1　整体剪切破坏

2. 局部剪切破坏

局部剪切破坏是一种在浅基础载荷作用下地基某一范围内发生剪切破坏区的地基破坏模式，其概念最早由 K·太沙基提出。其破坏特征是：塑性变形区不延伸到地面，限制在地基内部某一区域内，达到极限载荷后，基础两侧地面微微隆起，如图9.2所示。

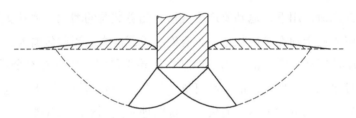

图9.2　局部剪切破坏

3. 冲剪破坏

冲剪破坏是一种在浅基础载荷作用下地基土体发生垂直剪切破坏，使基础产生较大沉降的地基破坏模式，也称为刺入破坏。冲剪破坏的概念由 E·E·德贝尔和 A·S·魏锡克提出。其破坏特征是：地基不出现明显连续滑动面，载荷达到极限载荷后，基础两侧地面不隆起，而是下陷，如图9.3所示。

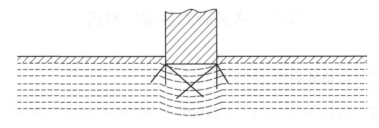

图9.3　冲剪破坏

9.1.2　地基中应力发展三阶段

根据各级载荷及其相应的相对稳定沉降值，可得到载荷与沉降的关系曲线，即 p—s 曲线，如图 9.4 所示。在某一瞬间载荷板沉降与时间之比 $\left(\dfrac{\mathrm{d}s}{\mathrm{d}t}\right)$ 称为土的变形速度，它在载荷增大的过程中变化，可得土中应力状态的三个阶段：压缩阶段、剪切阶段和隆起阶段。

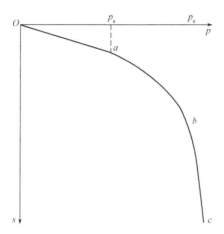

图 9.4　现场载荷试验 p—s 曲线

1. 压缩阶段

压缩阶段又称线性变形阶段，对应于 p—s 曲线的 Oa 段。这个阶段的外加载荷较小，地基土以压缩变形为主，压力与变形之间基本呈线性关系，地基中的应力还处在弹性平衡阶段，地基中任一点的剪应力均小于该点的抗剪强度。该阶段的应力一般可近似采用弹性理论进行分析。

2. 剪切阶段

剪切阶段又称塑性变形阶段，对应于 p—s 曲线的 ab 段。在这个阶段，从基础两侧边缘开始，局部区域土中剪应力等于该处土体的抗剪强度，土体处于塑性极限平衡状态，宏观上 p—s 曲线呈现非线性的变化。随着载荷的增大，基础下的土的塑性变形区扩大，p—s 曲线的斜率增大。在这个阶段，虽然地基土的部分区域发生了塑性极限平衡，但塑性变形区并未在地基中连成一片，地基基础仍然有一定的稳定性，地基的安全度随着塑性变形区的扩大而降低。

3. 隆起阶段

隆起阶段又称塑性流动阶段，对应于 p—s 曲线的 bc 段。该阶段基础以下两侧的地基塑性变形区贯通并连成一片，基础两侧土体隆起，很小的载荷增量都会引起基础产生大的沉降。这个阶段变形不是主要由土的压缩引起，而是由地基土的塑性流动引起，是一种随时间不稳定的变形，其结果是基础向比较薄弱的一侧倾倒，地基整体失稳。

相应于地基土中应力状态的三个阶段，有两个界限载荷：前一个是相当于从压缩阶段过渡到剪切阶段的界限载荷，为比例界限载荷，或称临塑载荷，一般记为 p_{cr}（p_a），它是 p—s 曲线上的 a 点所对应的载荷；后一个是相应于从剪切阶段过渡到隆起阶段的界限载荷，称为极限载荷，记为 p_u，它是 p—s 曲线上 b 点所对应的载荷。

9.2   按塑性区开展范围确定地基承载力

为了保持地基稳定，要将地基中的剪切破坏区限制在某一范围内，确定其相应的承载力。地基变形的剪切阶段是土中塑性区范围随着作用载荷的增加而不断发展的阶段。

9.2.1   地基塑性变形区边界方程

如图 9.5 所示，假设在均质地基表面，在某一基底压力 p 作用下，地基中任意点 M 的附加大、小主应力为

$$\frac{\Delta\sigma_1}{\Delta\sigma_3} = \frac{p-\gamma d}{\pi}\ (2\beta \pm \sin2\beta) \tag{9.1}$$

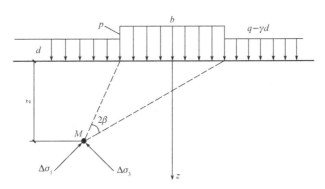

图 9.5   均布条形载荷作用下地基中的主应力

假定在极限平衡区土的静止侧压力系数 $K_0 = 1$，自重应力与附加应力可以在任意方向叠加，因此 M 点的大、小主应力为

$$\frac{\sigma_1}{\sigma_3} = \frac{p-\gamma d}{\pi}\ (2\beta \pm \sin2\beta)\ + \gamma\ (z+d) \tag{9.2}$$

当 M 点达到极限平衡状态时，M 点处的大、小主应力满足极限平衡条件：

$$\sigma_1 = \sigma_3 \tan^2\left(45° + \frac{\varphi}{2}\right) + 2c\tan\left(45° + \frac{\varphi}{2}\right) \tag{9.3}$$

经过整理，当地基中出现塑性区时，相应塑性区的边界方程为

$$z = \frac{p-\gamma d}{\gamma\pi}\left(\frac{\sin2\beta}{\sin\varphi} - 2\beta\right) - \frac{c}{\gamma\tan\varphi} - d \tag{9.4}$$

塑性区最大开展深度

$$z_{max} = \frac{p-\gamma d}{\gamma\pi}\left(\cot\varphi - \frac{\pi}{2} + \varphi\right) - \frac{c}{\gamma\tan\varphi} - d \tag{9.5}$$

根据塑性区开展的最大深度 $z_{\max}$，便可以确定地基所能承受的临塑载荷和临界载荷。

$$p = \frac{\gamma \pi z_{\max}}{\cot\varphi - \frac{\pi}{2} + \varphi} + \gamma d \left[1 + \frac{\pi}{\cot\varphi - \frac{\pi}{2} + \varphi} \right] + c \left[\frac{\pi \cot\varphi}{\cot\varphi - \frac{\pi}{2} + \varphi} \right] \qquad (9.6)$$

9.2.2 临塑载荷与临界载荷

1. 临塑载荷

根据定义，临塑载荷是相当于从压缩阶段过渡到剪切阶段的界限载荷，对应的是基础边缘地基中刚要出现还未出现塑性变形区时基底单位面积上所承担的载荷。所以，临塑载荷即当塑性区开展最大深度 $z_{\max} = 0$ 时，地基所能承受的基底附加压力。

令式（9.5）右侧为零，可得临塑载荷 p_{cr} 的计算公式：

$$p_{\mathrm{cr}} = \frac{\pi (\gamma d + c\cot\varphi)}{\cot\varphi - \frac{\pi}{2} + \varphi} + \gamma d \qquad (9.7)$$

2. 临界载荷

工程实践表明，采用临塑载荷作为地基承载力进行设计，往往不能充分发挥地基的承载能力，取值偏于保守。对于中等强度以上的地基土，将控制地基中塑性区在一定深度范围内的临界载荷作为地基承载力，使地基既有足够的安全度，保证稳定性，又能比较充分地发挥地基的承载能力，从而达到优化设计、减少基础工程量、节约投资的目的，符合经济合理的原则。

临界载荷是指允许地基产生一定范围塑性变形区所对应的载荷。根据工程实践经验，在中心载荷作用下，控制塑性区最大开展深度 $z_{\max} = \frac{1}{4}b$，在偏心载荷作用下，控制 $z_{\max} = \frac{1}{3}b$，对一般建筑物是允许的。$p_{1/4}$、$p_{1/3}$ 分别定义为允许地基产生 $z_{\max} = \frac{1}{4}b \left(\frac{1}{3}b \right)$ 时所对应的两个临界载荷。此时，地基变形会有所增加，必须验算地基的变形值不超过允许值。

根据定义，分别将 $z_{\max} = \frac{1}{4}b$、$z_{\max} = \frac{1}{3}b$ 代入式（9.5），得

$$p_{1/4} = \frac{\pi \left(\gamma d + c\cot\varphi + \frac{1}{4}\gamma b \right)}{\cot\varphi - \frac{\pi}{2} + \varphi} + \gamma d \qquad (9.8)$$

$$p_{1/3} = \frac{\pi \left(\gamma d + c\cot\varphi + \frac{1}{3}\gamma b \right)}{\cot\varphi - \frac{\pi}{2} + \varphi} + \gamma d \qquad (9.9)$$

注意：在公式实际运用中，第一项的 γ 与 b 有关，应采用基底以下土的重度；第二项的 γ 与 d 有关，应采用基底以上土的重度，一般用 γ_0 表示。在地下水位以下土的重度，一律采用浮重度。若地基土分层，则应采用加权平均重度进行计算。

9.3 按极限载荷确定地基极限承载力

地基极限承载力是指地基剪切破坏发展即将失稳时所能承受的极限载荷，也称地基极限载荷。它相当于地基土中应力状态从剪切阶段过渡到隆起阶段时的界限载荷。在土力学的发展中，地基极限承载力的理论很多，大多是按照整体剪切破坏推导的，而用于局部剪切破坏或冲剪破坏情况时，应根据经验加以修正。

极限承载力的求解方法有两大类：一类是按照极限平衡理论求解，假定地基土是刚塑性体，当应力小于土体屈服应力时，土体不产生变形，如同刚体一样；当达到屈服应力时，塑性变形将不断增加，直至土样发生破坏。这类方法是通过在土中各点达到极限平衡时的应力及滑动方向，由此求解基底的极限承载力。此解法由于存在着计算上的困难，仅能对某些边界条件比较简单的情况得出解析解。另一类是按照假定滑动面求解，通过基础模型试验，研究地基整体剪切破坏模式的滑动面形状，并简化为假定滑动面，根据滑动土体的静力平衡条件求解极限承载力。

9.3.1 普朗特尔极限承载力理论

1920 年，普朗特尔根据塑性理论，在研究刚性物体压入均匀、各向同性、较软的无重量介质时，导出达到破坏时的滑动面形状及极限承载力公式。普朗特尔假设地基发生整体剪切破坏时地基破坏模式，如图 9.6 所示。塑性极限平衡区分为五个部分，一个是位于基础底面下的中心楔体，又称为主动朗肯区，该区的大主应力的作用方向为竖向，小主应力的作用方向为水平向，根据极限平衡理论小主应力的作用方向与破坏面呈 $\left(45° + \dfrac{\varphi}{2}\right)$，此即该中心区两侧面与水平面的夹角。与中心区相邻的是两个辐射向剪切区，又称普朗特尔区，由一组对数螺线和一组辐射向直线组成，该区形似对数螺旋线 $r_0 \exp(\theta \tan \varphi)$ 为弧形边界的扇形，其中心角为直角。与普朗特尔区另一侧相邻的是被动朗肯区，该区大主应力的作用方向为水平向，小主应力的作用方向为竖向，破裂面与水平面的夹角为 $\left(45° - \dfrac{\varphi}{2}\right)$。

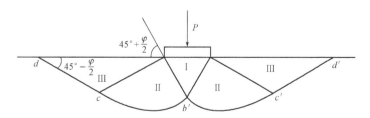

图 9.6 普朗特尔假设地基发生整体剪切破坏时地基破坏模式

普朗特尔导出的极限承载力 p_u 公式为

$$p_u = cN_c \tag{9.10}$$

式中　N_c——承载力系数，$N_c = \cot\varphi \left[\exp(\pi\tan\varphi)\tan^2\left(45° + \dfrac{\varphi}{2}\right) - 1 \right]$

9.3.2 太沙基极限承载力理论

K·太沙基在普朗特尔极限承载力理论的基础上，考虑了以下因素：①地基土有重量，即 $\gamma \neq 0$；②基础底面粗糙，存在摩擦力，能阻止基底土发生剪切位移；③不考虑基底以上土体的抗剪强度，把它仅看成作用在基底水平面上的超载；④在极限载荷作用下基础发生整体剪切破坏；⑤假定地基中滑动面的形状，如图9.7所示。

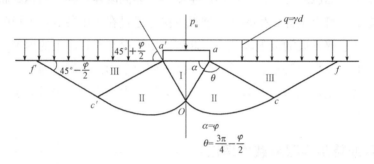

图9.7　太沙基极限承载力

太沙基仍然认为基底以下土体达到极限平衡状态时，塑性极限平衡区分为五个部分三个区：Ⅰ区、Ⅱ区、Ⅲ区。Ⅰ区为弹性压密区（弹性核）；Ⅱ区为普朗特尔区，边界是对数螺线；Ⅲ区为被动朗肯区，大主应力 σ_1 为水平向，所以破裂面与水平面呈 $45° - \dfrac{\varphi}{2}$。

太沙基推导出的地基极限承载力公式如式（9.11）所示。

$$p_u = \frac{1}{2}\gamma b N_r + \gamma_0 d N_q + c N_c \tag{9.11}$$

式中　N_r、N_q、N_c——承载力系数，φ 的函数，可以根据下面表达式得到：

$N_c = \cot\varphi \ (N_q - 1)$；$N_q = \dfrac{1}{2} \cdot \dfrac{e^{\left(\frac{3\pi}{2} - \varphi\right)\tan\varphi}}{\cos^2\left(45° + \dfrac{\varphi}{2}\right)}$；$N_r$ 由试凑法来获得。

9.4　地基承载力特征值

　　所有建筑物或构筑物的地基基础设计，均应满足地基承载力和变形的要求，对经常受水平载荷作用的高层建筑、高耸结构、高路堤和挡土墙以及建造在斜坡上或边坡附近的建筑物，还应验算地基稳定性。通常地基计算时，首先应限制基底压力小于或等于基础深宽修正后的地基承载力特征值，以便确定基础或路基的埋置深度和底面尺寸，然后验算地基变形，必要时验算地基稳定性。

　　地基承载力特征值是指地基稳定，有保证可靠度的承载能力。它是随机变量，是以概率理论为基础的，以分项系数表达的实用极限状态设计法确定地基承载力；同时要验算地基变形不超过允许变形值。

9.4.1　按抗剪强度指标确定地基承载力特征值

1. 确定强度指标的标准值

（1）根据室内 n 组试验结果，计算土的性质指标的平均值 u、标准差 σ 和变异系数 δ；

（2）计算内摩擦角和黏聚力的统计修正系数 ψ_φ，ψ_c；

（3）计算黏聚力和内摩擦角的标准值（c_k，φ_k）。

$$c_k = \psi_c u_c \qquad \varphi_k = \psi_p u_p$$

2. 确定承载力特征值

　　利用强度指标的标准值，查相应的规范得到承载力系数 M_b、M_d、M_c，相应的地基承载力特征值为

$$f_a = M_b \gamma b + M_d \gamma_m d + M_c c_k$$

式中　f_a——由抗剪强度指标确定的修正后的地基承载力特征值；

　　　　γ——地基土的重度，地下水位以下取浮重度；

　　　　b——基底宽度，大于 6 m 时按 6 m 计算；对于砂土，小于 3 m 时按 3 m 计算；

　　　　q——基础两侧超载，$q = \gamma_m d$，γ_m 为基础埋深范围内土层的加权平均重度，地下水位以下取浮重度；

　　　　M_b、M_d、M_c——承载力系数，按土的内摩擦角的标准值由表9.1查取；

　　　　c_k——基底下一倍基底宽度的深度内土的黏聚力标准值。

表 9.1　承载力系数

土的内摩擦角标准值 φ_k／（°）	M_c	M_d	M_b
0	3.14	1.00	0
2	3.32	1.12	0.03

土的内摩擦角标准值 φ_k / (°)	M_c	M_d	M_b
4	3.51	1.25	0.06
6	3.71	1.39	0.10
8	3.93	1.55	0.14
10	4.17	1.73	0.18
12	4.42	1.94	0.23
14	4.69	2.17	0.29
16	5.00	2.43	0.36
18	5.31	2.72	0.43
20	5.66	3.06	0.51
22	6.04	3.44	0.61
24	6.45	3.87	0.80
26	6.90	4.37	1.10
28	7.40	4.93	1.40
30	7.95	5.59	1.90
32	8.55	6.35	2.60
34	9.22	7.21	3.40
36	9.97	8.25	4.20
38	10.80	9.44	5.00
40	11.73	10.84	5.8

《建筑地基基础设计规范》（GB 50007—2011）规定，当基底宽度 b 大于或等于 3 m，以及基础的埋置深度 d 大于或等于 0.5 m 时，从载荷试验或其他原位测试、经验值等方法确定的地基承载力特征值应进行相应的修正，修正公式如下：

$$f_a = f_{ak} + \eta_b \gamma (b-3) + \eta_d \gamma_0 (d-0.5)$$

式中　f_a——修正后的地基承载力特征值；

f_{ak}——地基承载力特征值；

η_b、η_d——基础宽度和深度的地基承载力修正系数，按基底下土的类别查表9.2得到；

γ_0——基础埋深范围内土层的加权平均重度，地下水位以下取浮重度；

γ——基底以下土的重度，地下水位以下取浮重度；

b——基底宽度，当基底宽度小于 3 m 时按 3 m 取值，大于 6 m 时按 6 m 取值。

d——基础埋置深度。

表 9.2　承载力修正系数

土的类别		η_b	η_d
淤泥和淤泥质土		0	1.0
人工填土 e 或 I_L 大于或等于 0.85 的黏性土		0	1.0
红黏性土	含水比 $\alpha_w > 0.8$	0	1.2
	含水比 $\alpha_w < 0.8$	0.15	1.4
大面积压实填土	压实系数大于 0.95、黏粒含量 $\rho_c \geq 10\%$ 的粉土	0	1.5
	最大干密度大于 2.1 t/m³ 的级配砂石	0	2.0
粉土	黏粒含量 $\rho_c \geq 10\%$ 的粉土	0.3	1.5
	黏粒含量 $\rho_c < 10\%$ 的粉土	0.5	2.0
e 或 I_L 均小于 0.85 的黏性土		0.3	1.6
粉砂、细砂（不包括很湿与饱和时的稍密状态）		2.0	3.0
中砂、粗砂、砾砂和碎石土		3.0	4.4

9.4.2　按平板载荷试验确定地基承载力特征值

浅层平板载荷试验确定地基承载力特征值，通常取 p—s 曲线上的比例界限载荷值或极限载荷值的一半。浅层平板载荷试验确定地基承载力特征值，《建筑地基基础设计规范》（GB 50007—2011）规定如下：

（1）当 p—s 曲线上有明显的比例界限时，取该比例界限所对应的载荷值；

（2）当满足终止加载条件时，其对应的前一级载荷确定为极限载荷，当该值小于对应比例界限载荷值的 2 倍时，取极限载荷值的一半；

（3）不能按以上两点考虑时，当压板面积为 0.25 ~ 0.50 m² 时，可取 $s/b = 0.010$ ~ 0.015 所对应的载荷，但其值不应大于最大加载量的一半；

（4）同一土层参加统计的试验点不应少于 3 点，各试验实测值的极差不得超过其平均值的 30%，取此平均值作为土层的地基承载力特征值，再经过深宽修正，得出修正后的地基承载力特征值。

深层平板载荷试验确定地基承载力特征值同浅层平板载荷试验，但仅做宽度修正。

复习思考题

1. 简述三种破坏模式的特点。
2. 三种破坏模式发生的条件是什么？
3. 简述地基土体在加载过程中地基中应力状态的变化。
4. 简述临塑载荷、临界载荷的概念。

5. 简述极限承载力的理论推导过程。

6. 简述塑性极限平衡区的分区边界。

7. 简述地基承载力特征值的含义。

8. 在规范中为何要对地基承载力特征值进行修正?

参考文献

［1］［苏］H·A·崔托维奇．土力学［M］．吴光轮，译．北京：地质出版社，1956．

［2］［美］K·太沙基．理论土力学［M］．徐志英，译．北京：地质出版社，1960．

［3］［联邦德国］盖尔德·古德胡斯．土力学［M］．朱百里，译．上海：同济大学出版社，1986．

［4］赵树德．土力学［M］．北京：高等教育出版社，2001．

［5］东南大学，浙江大学，湖南大学，等．土力学［M］．2版．北京：中国建筑工业出版社，2001．

［6］陈书申，陈晓平．土力学与地基基础［M］．5版．武汉：武汉理工大学出版社，2015．

［7］孙维东．土力学与地基基础［M］．北京：机械工业出版社，2010．

［8］陈希哲．土力学与地基基础［M］．4版．北京：清华大学出版社，2004．

［9］卢廷浩，刘祖德，等．高等土力学［M］．北京：机械工业出版社，2005．

［10］廖红建，赵树德，等．岩土工程测试［M］．北京：机械工业出版社，2007．

［11］谢定义，姚仰平，党发宁．高等土力学［M］．北京：高等教育出版社，2008．

［12］袁聚云，钱建固，张宏鸣，等．土质学与土力学［M］．4版．北京：人民交通出版社，2009．

［13］李广信．岩土工程50讲——岩坛漫话［M］．2版．北京：人民交通出版社，2010．

［14］李广信，张丙印，于玉贞．土力学［M］．2版．北京：清华大学出版社，2013．

［15］代国忠，史贵才．土力学与基础工程［M］．2版．北京：机械工业出版社，2013．

［17］杨红霞，赵峥嵘．土质学与土力学［M］．北京：机械工业出版社，2015．

［18］中华人民共和国住房和城乡建设部．GB 50007—2011建筑地基基础设计规范［S］．北京：中国计划出版社，2012．